# Lichtbild- und Kino-Technik

## Lichtbühnen-Bibliothek Nr. 1

Franz Paul Liesegang



Alpha Editions

This edition published in 2022

ISBN : 9789356709553

Design and Setting By
**Alpha Editions**
www.alphaedis.com
Email - info@alphaedis.com

# Contents

# Der Lichtbilderapparat und seine Wirkungsweise

## Die allgemeine Anordnung

Der Lichtbilderapparat ist nichts anderes als eine vervollkommnete Form der Laterna magica wie wir sie aus der Kinderstube kennen.

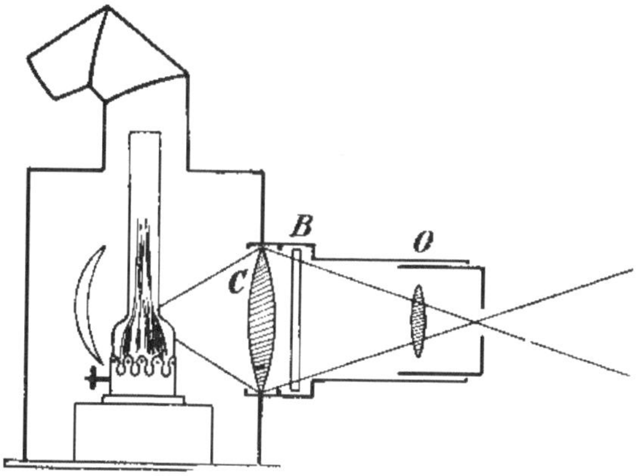


Fig. 1. Laterna magica.

Fig. 1 zeigt schematisch die Anordnung und läßt die wesentlichen Bestandteile erkennen: das Gehäuse mit der Lichtquelle, hier einer Petroleumlampe; die Sammellinse C in der Vorderwand des Gehäuses; davor die Bildbühne B, in welche die Glasbilder eingesetzt werden und weiter vorne, mit dem Gehäuse durch ein ausziehbares Rohr verbunden, eine zweite Sammellinse O. Die Linse C, welche man Kondensor nennt, hat die Aufgabe, die Lichtstrahlen zu sammeln und in einem Kegel durch das davorstehende Glasbild zu werfen. Die Linse O anderseits, die man als Objektiv bezeichnet, soll diesen Strahlenkegel aufnehmen und derart geordnet auf die Wand leiten, daß dort ein vergrößertes, scharfes Lichtbild entsteht. Die Eigenschaften, welche die einzelnen Bestandteile des Apparats besitzen müssen, lassen sich hieraus direkt ableiten: das Objektiv O muß zunächst solcher Konstruktion sein, daß es eine scharfe Vergrößerung des Glasbildes entwirft, ferner muß es so groß im Durchmesser sein oder, wie man sagt, eine so große »Öffnung« haben, daß alle vom Kondensor kommenden Strahlen aufgefangen werden. Der Kondensor C soll möglichst viele Strahlen der Lichtquelle aufnehmen, er soll das davorstehende Glasbild gleichmäßig beleuchten und die Strahlen in einem spitzen Kegel so nach vorne schicken, daß sie glatt ins Objektiv gelangen. Die Lichtquelle muß kräftig sein, denn von ihrer Intensität hängt die Helligkeit des Lichtbildes direkt ab; dabei soll die leuchtende Fläche eine geringe Ausdehnung haben, weil der Kondensor nur dann die Strahlen in einem hinreichend spitzen Winkel nach vorne werfen kann. Hat die

Lichtquelle nämlich eine zu große Ausdehnung, so werden die Strahlen in Form eines breiten Büschels nach vorne geworfen, und das Objektiv kann dann nur einen Teil davon auffassen. Der Apparat muß naturgemäß derart gebaut sein, daß die beiden Linsensysteme in richtiger Stellung zueinander angeordnet (»zentriert«) sind; er muß stabil sein und genügend Platz für die Lichtquelle sowie für die Glasbilder bieten. Das Glasbild (um auch dies hinzuzunehmen) soll klar sein in den Lichtern, kräftig in den Umrissen und reich an Details, und die Projektionswand endlich muß eine ebene, weiße Fläche bieten, die das darauf geworfene Licht gehörig reflektiert.

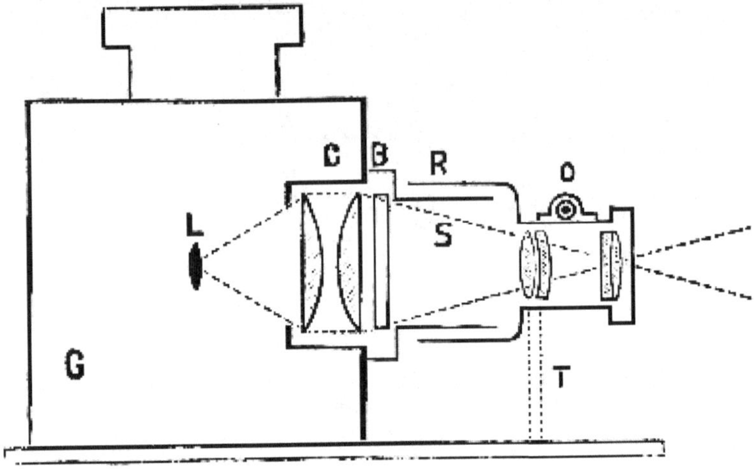


Fig. 2. Lichtbilderapparat.

Diese Forderungen nun, soweit sie an den Apparat gestellt werden, können von den einfachen Linsen der in Fig. 1 dargestellten Laterna magica nicht in befriedigender Weise erfüllt werden: die Beleuchtung ist keine ausreichende, indem der Kondensor das zur Verfügung stehende Licht schlecht ausnutzt, und vor allem fehlt es dem Lichtbild an Schärfe. Fig. 2 zeigt nun den verbesserten Apparat, und zwar mit der optischen Ausrüstung, wie sie jetzt in der Regel gebraucht wird. Der Kondensor C besteht aus zwei plankonvexen Linsen, während das Objektiv O aus vier Linsen zusammengesetzt ist und einen Trieb zum Scharfeinstellen besitzt. Der Gang der Lichtstrahlen ist punktiert eingezeichnet; man ersieht daraus, daß die Strahlen durch die erste Kondensorlinse parallel gemacht und dann durch die zweite Linse gesammelt werden.

Der Doppelkondensor ist im folgenden Bilde unter A für sich dargestellt. Daneben sehen wir zwei Formen von dreifachen Kondensoren. Der Zusatz einer dritten Linse bewirkt, daß die Lampe näher an den Kondensor herankommt, und daß infolgedessen mehr Licht aufgenommen wird. Unter

D und E ist dies angedeutet; man sieht, daß der dreifache Kondensor, welcher bei B und E durch Vorsetzen einer Meniskuslinse, bei C durch Zwischensetzen einer bikonvexen Linse hergestellt ist, einen größern Winkel auffaßt als der Doppelkondensor. Die dreilinsige Ausführung wird hauptsächlich bei größern Kondensoren, z. B. solchen von 15 cm Durchmesser, angewandt.

**Der Kondensor**

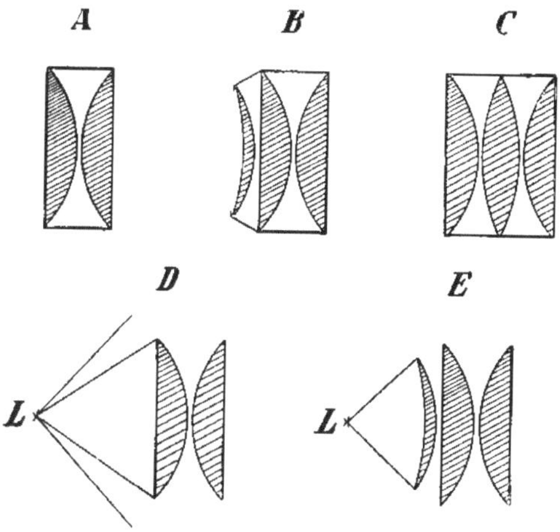


Fig. 3. Doppelter und dreifacher Kondensor.

Der Kondensor muß im Durchmesser so groß sein, daß er die Glasbilder ausbeleuchtet. Die Glasbilder nun, welche man im Handel bekommt, haben das Außenformat $8^1/_4 \times 8^1/_4$ oder $8^1/_2 \times 10$ cm; das Innenmaß, d. h. die eigentliche Bildgröße, beträgt in der Regel etwa $7 \times 7$ cm. Um ein solches Bild von $7 \times 7$ cm bis in die Ecken zu beleuchten, braucht man, wie Fig. 4 links zeigt, einen Kondensor von 10 cm Durchmesser. Man benutzt daher für die gewöhnlichen Projektionsapparate Beleuchtungslinsen von 10 bis $11^1/_2$ cm Durchmesser. Für größere Glasbilder ist ein Apparat mit entsprechend größerem Kondensor erforderlich; aus Fig. 4 rechts ist zu ersehen, daß das Bildmaß $9 \times 12$ cm Linsen von 15 cm Durchmesser verlangt. Benutzt man einen Kondensor, der wesentlich größer ist als das Glasbild, so geht nur ein Teil des Lichtes durch das Bild hindurch, und alle übrigen Strahlen gehen verloren. Indessen kann man diesen Lichtverlust in der Weise vermeiden, daß man die Bilder, welche sonst dicht vor den Linsen stehen, weiter nach vorn in den Strahlenkegel bringt, wo dieser enger ist. Es wird dann das ganze Licht darauf konzentriert.

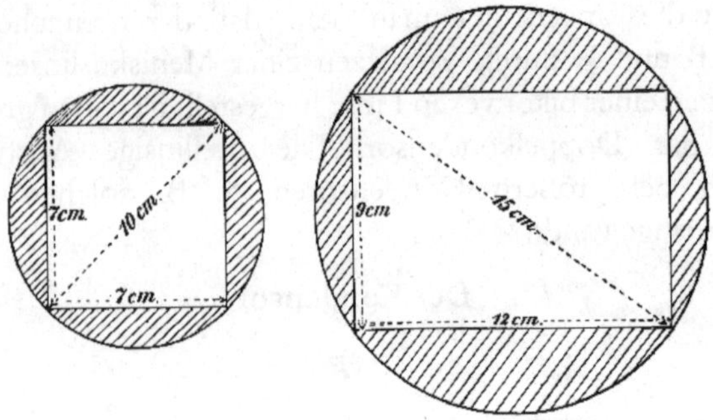


Fig. 4. Kondensordurchmesser und Bildgröße.

**Das Objektiv**

Als Projektionsobjektiv wird meistens das von Petzval erfundene Porträtobjektiv benutzt; es besitzt eine große Lichtstärke und läßt sich in ausreichend guter Qualität verhältnismäßig billig herstellen. Das Instrument besteht aus vier Linsen, die in einem Messingrohr sitzen. Die beiden Vorderlinsen sind verkittet, während die Hinterlinsen durch einen schmalen Ring getrennt sind. Man tut gut, sich die Anordnung der Linsen zu merken, damit man sie nach dem Reinigen wieder richtig einsetzt.

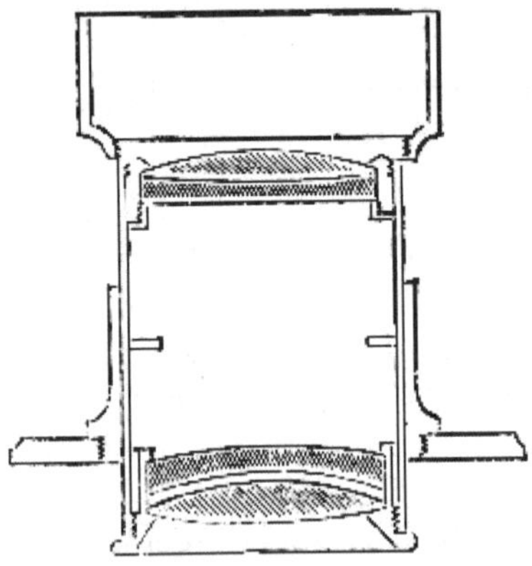

Fig. 5. Petzvalsches Objektiv.

Es gibt eine einfache Regel, die lautet: alle Linsen zeigen mit ihrer gewölbten bzw. der am stärksten gewölbten Seite nach vorne. In der normalen Ausführung liefern diese Instrumente eine gute Mittelschärfe. Wenn eine höhere Leistung verlangt wird, so muß man ein besonders sorgsam gearbeitetes Objektiv nehmen, das entsprechend teurer ist. Eine wie man sagt »geschnittene Schärfe« und dabei plastische Zeichnung wird von den modernen lichtstarken

Instrumenten geliefert, die man als »Anastigmate« bezeichnet. Die an Lichtbilderapparaten benutzten Objektive haben in der Regel eine mit Zahntrieb versehene Fassung, die ein scharfes Einstellen gestattet. Man fertigt die Instrumente aber auch in glatter, zylindrischer Ausführung und steckt sie dann in eine sogenannte Auswechselfassung, an welcher der Zahntrieb angebracht ist; bei dieser Anordnung ist eine bequeme und rasche Auswechslung gegen eine andere Objektivtube möglich.

*Verhältnis von Bildgröße zu Abstand* = 1 : 2

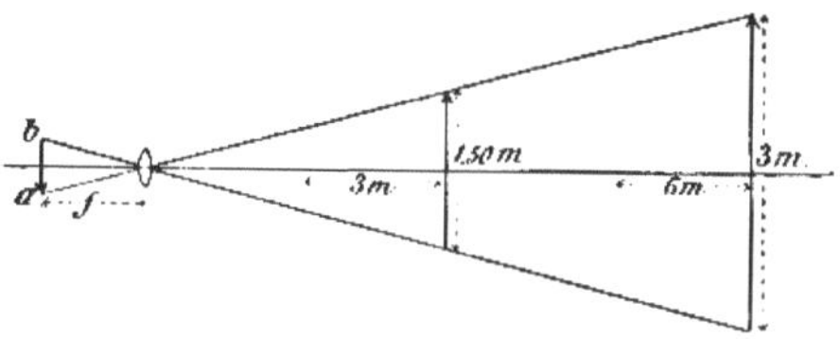


*Verhältnis von Bildgröße zu Abstand* = 1 : 3

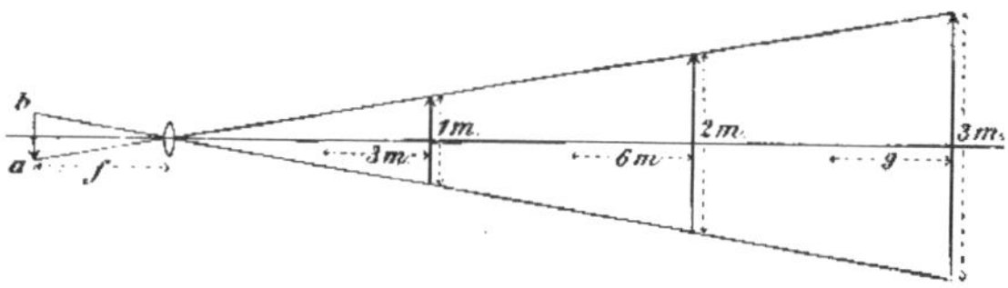


Fig. 6. Brennweite, Abstand und Bildgröße.

Durch das Objektiv wird auch die Größe des Lichtbildes auf einen gewissen Abstand hin bestimmt. Die normalen Objektive liefern ein Bild, das nach Höhe und Breite etwa halb so groß ist, wie der Abstand des Apparates von der Wand. In der schematischen Darstellung (Fig. 6) ist das Objektiv durch eine einfache Linse wiedergegeben. a b ist das Glasbild. In dem obern Schema bekommen wir auf 3 m Entfernung ein $1^1/_2$ m großes Bild, auf 6 m Entfernung ein 3 m großes Bild. Unten ist ein anderes Verhältnis dargestellt. Da ist das Lichtbild ein Drittel so groß wie der Abstand: wir bekommen z. B. ein 2-m-Bild auf 6 m Abstand und ein 3-m-Bild auf 9 m Abstand. Um ein solches Verhältnis zu erzielen, müssen wir ein anders geschliffenes Objektiv nehmen. Wie ein Vergleich beider Zeichnungen ergibt, steht die Linse unten in einem größern Abstand vom Glasbild a b als oben. Dieser Abstand, in den Figuren mit f bezeichnet ist ungefähr gleich der Brennweite des Objektivs.

Wenn wir die Geometrie zu Hilfe nehmen, so finden wir, daß in der obern Figur die Brennweite f doppelt so groß ist wie das Glasbild a b; in der untern Figur dreimal so groß. Ja, es gibt eine allgemeine einfache Regel: die Objektivbrennweite steht in dem gleichen Verhältnis zur Größe des Glasbildes wie der Apparatabstand zur Größe des Lichtbildes. Wenn wir z. B. ein 3 m großes Lichtbild auf 12 m Entfernung haben wollen, so gibt das ein Verhältnis 1: 4. Mithin brauchen wir ein Objektiv, dessen Brennweite viermal so groß ist wie das Glasbild. Wenn nun die Glasbilder im Lichten durchschnittlich 7 cm messen, so muß die Brennweite $4 \times 7 = 28$ cm betragen. Auf diese Weise ist es leicht, für jedes Verhältnis rechnerisch die erforderliche Objektivbrennweite zu bestimmen. Man sieht aus den Zeichnungen gleichzeitig, daß die Glasbilder auf dem Kopf stehen müssen, damit die Lichtbilder aufrecht erscheinen.

Der Begriff der Brennweite läßt sich am leichtesten erklären mit Hilfe des bekannten Experiments: Man hält eine Sammellinse gegen die Sonnenstrahlen und bringt mit der andern Hand ein Blatt Papier dahinter. Wenn man nun das Blatt vor- und zurückschiebt, so wird man bald eine Stelle finden, wo die Strahlen darauf einen helleuchtenden Fleck geben. Dieser Fleck ist nichts anderes als ein Bildchen der Sonne; man hat die Stelle »Brennpunkt« genannt, weil hier auch die mit den Lichtstrahlen vereinigten Wärmestrahlen konzentriert werden, die das Papier in Brand setzen. Den Abstand des Brennpunktes von der Linse oder richtiger von der Mitte des Glaskörpers bezeichnet man nun als »Brennweite«.

Wenn man dies Experiment mit verschiedenen Brenngläsern macht, wird es sich herausstellen, daß deren Brennweiten nicht gleich sind; es wird sich ferner zeigen, daß die stärker gewölbten Gläser eine kürzere Brennweite haben als die flacher geschliffenen. Statt die Linse gegen die Sonne zu halten, kann man sie auch gegen einen gut beleuchteten, weit entfernten Gegenstand, z. B. einen Schornstein richten, wobei man das Papierblatt vor- und zurückschiebt, bis sich ein scharfes Bild des Schornsteins darauf zeigt; das Blatt deckt man möglichst gegen »falsches Licht« ab, um das Bild deutlich erscheinen zu lassen. Es wird dem Beobachter dabei auffallen, daß das Bild auf dem Kopfe steht. Der Abstand des Papiers von der Mitte der Linse ist geradesogroß wie bei dem Experiment mit der Sonne, und wenn wir ihn messen, haben wir also die Brennweite.

## Zusammenarbeiten von Kondensor und Objektiv

Der Kondensor muß der Brennweite des Objektivs angepaßt sein. Er soll dem Objektiv, welches in Fig. 7 durch eine einfache Linse wiedergegeben ist, einen Strahlenkegel zuwerfen, in der Weise, daß (wie unter I) alles Licht durch das Objektiv hindurchgeht. Wenn nun der Apparat mit einem Objektiv längerer Brennweite versehen wird, wobei dieses in einen größern Abstand vom Kondensor kommt, so wird, wie sich aus der Darstellung II ergibt, der Kondensor nicht mehr richtig arbeiten: das Objektiv »kommt zu kurz«, indem es von dem Strahlenkegel nur den mittlern Teil aufnimmt. Damit die richtige Wirkung erhalten wird, müssen wir dem Kondensor ebenfalls eine längere Brennweite geben, so daß er den Strahlenkegel wiederum mit der Spitze gegen das Objektiv wirft. Dies ist unter III skizziert: die vordere Kondensierungslinse ist dort durch eine flachere ersetzt. Es ist von größter Wichtigkeit, daß man diese Bedingung für das richtige Zusammenarbeiten von Kondensor und Objektiv beachtet. Bei der Beschaffung eines neuen Objektivs wird es häufig versäumt, die unter Umständen erforderlichen Veränderungen des Kondensors vorzunehmen, und die Folge ist dann, daß man kein reines, weißes Bildfeld erhält: bei der normalen Einstellung der Lampe zeigen sich gelbrote Ränder, während bei vorgeschobener Lampe blaue Flecken entstehen.

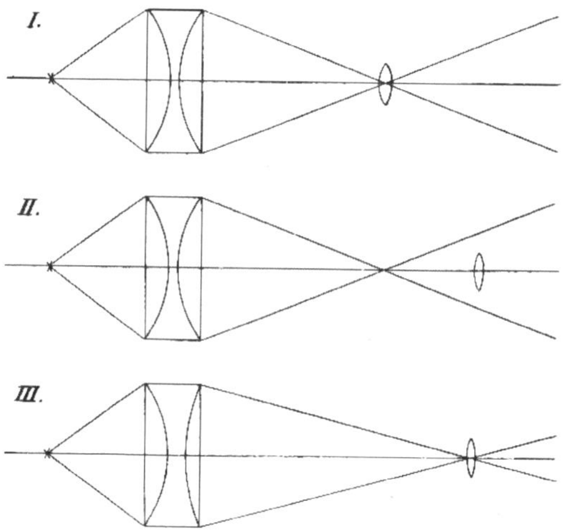


Fig. 7. Das Zusammenarbeiten von Kondensor und Objektiv.

## Einfluß der Lichtquelle

Aber noch ein Punkt ist beim Zusammenpassen von Objektiv und Kondensor zu berücksichtigen. Man stellt die Wirkungsweise des Kondensors durch die in Fig. 8 unter I gegebene Zeichnung dar, wonach die von der punktförmigen Lichtquelle L ausgehenden Strahlen durch die Linsen wieder in einem Punkte M vereinigt werden. Diese Darstellung ist aber eine ideale. In Wirklichkeit werden die auf den Rand der Linse auffallenden Strahlen stärker gebrochen als die zentralen Strahlen; erstere sammeln sich in $M_1$, letztere in $M_2$ (vgl. Fig. 8 II), während die Vereinigungspunkte der übrigen Strahlen zwischen $M_1$ und $M_2$ liegen. Wenn wir uns nun in der Figur alle diese Strahlen ausgezogen denken, so bekommen wir das unter III wiedergegebene Büschel. Da sehen wir, daß die Linsen des Objektivs O einen hinreichend großen Durchmesser haben müssen, damit sie das ganze Strahlenbündel auffassen.

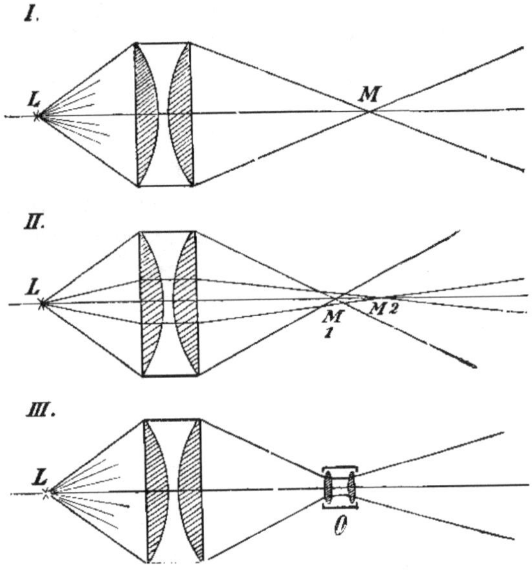


Fig. 8. Wirkungsweise des Kondensors bei punktförmiger Lichtquelle.

Tatsächlich liegen die Verhältnisse noch ungünstiger. Es steht uns nämlich keine Lichtquelle zur Verfügung, die punktförmig ist. Nehmen wir nun aber gemäß Fig. 9 eine Lichtquelle mit einer leuchtenden Fläche $L_1$ $L_2$, so wird jeder einzelne Punkt für sich ein Strahlenbüschel liefern; für $L_1$ verläuft dies Büschel nach unten, wie unter I angedeutet ist, für $L_2$ geht es in gleicher Weise nach oben. Und alle diese Büschel vereinigen sich zu einem breiten Büschel, dessen Begrenzung unter II dargestellt ist. Das einskizzierte Objektiv O faßt hier nicht mehr alle Strahlen auf; ein Teil des Lichtes wird also nicht ausgenutzt und geht verloren. Wir müßten daher in diesem Falle ein Objektiv mit größerm Linsendurchmesser haben. Indes können wir in der Größe des Objektivs nicht beliebig weit gehen; denn über ein gewisses Maß hinaus liefert uns das Instrument kein scharfes Bild mehr.

Es ist weiterhin noch zu beachten, daß das Strahlenbüschel um so breiter wird, je länger man die Brennweite des Kondensors nimmt; der Kondensor muß aber, wie wir oben erfuhren, eine längere Brennweite haben, wenn das Objektiv langbrennweitig ist. In solchen Fällen ist es daher erforderlich, dem Objektiv einen großen Durchmesser zu geben. Während normalerweise Objektive von 43 bzw. 50 mm Linsendurchmesser genommen werden, benutzt man für längere Brennweiten Objektivlinsen von 54 bzw. 61 mm Durchmesser oder geht erforderlichenfalls noch weiter bis zu etwa 81 mm. Es gilt dies namentlich für Lichtquellen, die eine große Leuchtfläche besitzen.

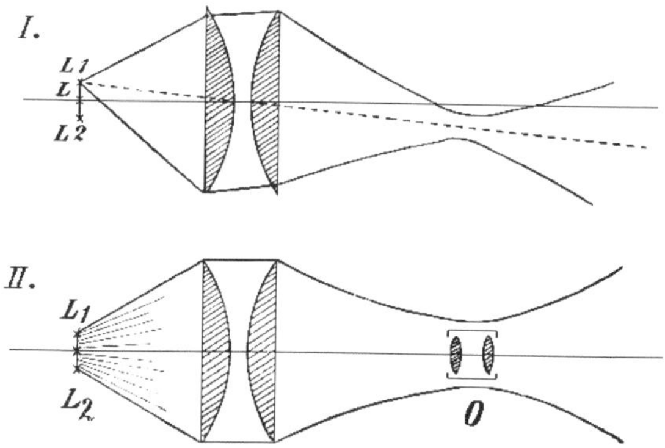


Fig. 9. Wirkungsweise des Kondensors bei ausgedehnter Lichtquelle.

## Ausführungsformen des Lichtbilderapparats

Fig. 10. Lichtbilderapparat.

Der Projektionsapparat ist je nach den Anforderungen von einfacherer oder komplizierterer Konstruktion. Hauptsächlich kann man unterscheiden solche Apparate, die nur zur Projektion von Glasbildern dienen, und solche, die außerdem zur Darstellung wissenschaftlicher Experimente verwendbar sind. Fig. 10 zeigt einen Apparat der erstern Art. Das Gehäuse, das aus Stahlblech gebaut ist, hat oben einen Kaminaufsatz zum Abzuge der heißen Luft, hinten sowie rechts und links Türen. Das Objektiv wird durch ein ausziehbares Rohrstück getragen. Bei andern Apparaten dieser Art ist für das Objektiv ein schlittenartiger Halter vorgesehen oder aber ein kameraartiger Auszug mit Balgen und Zahntrieb. Diese letztere Anordnung, welche Fig. 11 darstellt, gestattet ohne weiteres die Verwendung von Objektiven kürzerer und längerer Brennweite; sie ist daher beispielsweise praktisch für Wanderredner, die bald in kleinern, bald in größern Sälen arbeiten und dazu Objektive verschiedener Brennweiten verwenden. Der abgebildete Balgenapparat besitzt noch ein zwischen den Kondensorlinsen eingebautes Kühlgefäß, das mit abgekochtem Wasser gefüllt wird; dieses schützt bei sehr intensiven Lichtquellen, welche große Hitze erzeugen, die Glasbilder gegen zu starke Erwärmung.

Fig. 11. Apparat mit Balgenzug und Kühlgefäß.

Ein für wissenschaftliche Projektionen aller Art geeigneter Apparat ist in Fig. 12 wiedergegeben. Er besitzt eine sogenannte optische Bank, worauf man die für die Experimente erforderlichen Instrumente anbringen kann. Wesentlich ist bei diesen Apparaten, daß der Raum vor dem Laterngehäuse frei ist. Man kann hier auch eine Einrichtung zur Projektion von undurchsichtigen Gegenständen, wie Photographien, Ansichtspostkarten usw., anbringen.

Fig. 12. Apparat mit optischer Bank.

## Die Lichtquellen

Wir kommen nun zur Lichtquelle. Von dieser wird in erster Linie große Helligkeit verlangt, während eine zweite Forderung darin besteht, daß das Licht möglichst konzentriert sei. An erster Stelle kommt das elektrische Bogenlicht, und wo elektrischer Strom zur Verfügung steht, sollte man ihn benutzen. Auch die Nernstlampe gibt in der für Projektionszwecke gebauten Form eine kräftige Lichtquelle ab. Den besten Ersatz für das Bogenlicht bildet das Kalklicht, welches sich zu einer mächtigen Helligkeit steigern läßt. Es kommen dann der Reihe nach das Azetylenlicht, das Spiritus- und Gasglühlicht sowie das Petroleumlicht. Die nachstehende Tabelle gibt eine Übersicht über die Helligkeit der verschiedenen Lichtquellen. Wenn auch die Zahlen nur ungefähre sind und mit der Art des Brennmaterials schwanken, so gestatten sie doch immerhin einen guten Vergleich.

| 5 | 10 | 15 | 20 | 30 | Ampères |
|---|---|---|---|---|---|
| 500 | 1100 | 2000 | 5000 | 15000 | Kerzen |

| | |
|---|---|
| Starke Nernstlampe: | bei 110 Volt 600 Kerzen; bei 220 Volt 1400 Kerzen. |
| Mittlere Nernstlampe: | bei 110 und 220 Volt 400 Kerzen. |
| Kleine Nernstlampe: | bei 110 und 220 Volt 100 Kerzen. |
| Kalklicht: | je nach Arbeitsdruck bis zu 2000 Kerzen. |
| Azetylenlicht: | dreifacher und vierfacher Brenner: 250 bis 300 Kerzen. |
| Spiritusglühlicht: | gewöhnlicher Brenner etwa 80 Kerzen; desgl. Drucklampe: etwa 200 Kerzen. |
| Gasglühlicht (Starklicht): | etwa 80 Kerzen. |
| Petroleumlicht: | 3 und 4 Dochtlampe: 70 bis 80 Kerzen. |

## Das elektrische Bogenlicht

Das elektrische Bogenlicht bedarf zur Darstellung des elektrischen Starkstroms, wie er von der Zentrale durch Leitungen ins Haus geliefert wird. Wer mit dieser Lichtquelle arbeiten will, tut gut, sich mit den Eigenschaften des elektrischen Stromes bekannt zu machen, und dazu mögen die folgenden Ausführungen behilflich sein. Wie man das Wasser in Rohrleitungen auf große Entfernungen hin fortschafft, so läßt man den elektrischen Strom durch »elektrische Leiter« fließen, und als solche eignen sich besonders Metalldrähte, am besten Kupfer. Die Drähte werden, wenn sie nicht wie die Telegraphendrähte frei in der Luft hängen, mit nichtleitenden Stoffen (Gummi, Wolle- oder Seidengespinste) umflochten; diese »Isolation« ist nötig, da sonst bei Berührung des Drahtes mit andern leitenden Körpern (feuchte Erde, Wasserleitungsrohre usw., auch der menschliche Körper) der Strom abfließen würde, wie das Wasser durch ein Leck in der Rohrleitung. Der elektrische Strom muß nun, wenn er Arbeit leisten soll, einen Kreislauf ausführen; wir brauchen daher zwei Drahtleitungen: eine als Zuleitung von der Zentrale her bis zu unserer Lampe und die zweite zurück zur Maschine. Das Ende der ersten Leitung bezeichnet man als positiven Pol (Zeichen +), das der zweiten als negativen Pol (Zeichen -). Die beiden »Kabel« (so nennt man die isolierten Drähte) sind häufig zu einer einzigen Schnurleitung (Doppelschnur) verflochten.

## Spannung und Stromstärke

Der von der Zentrale gelieferte Strom steht (ebenso wie das Wasser in der Wasserleitung und das Leuchtgas in der Gasleitung) unter einem gewissen Druck — man sagt hier »Spannung«. Dem Einheitsmaß der Spannung hat man die Bezeichnung »Volt« gegeben. In vielen Fällen hat der Strom eine Spannung von 110 Volt; sehr häufig findet man auch 220 Volt, manchmal wiederum 65, 120, 150 oder gar 440 Volt.

Für die Leistung des Stromes ist von Belang die Menge der durchströmenden Elektrizität, man sagt »Stromstärke«, und für diese hat man als Einheitsmaß das »Ampère« geschaffen. Bei seinem Durchgange durch lange oder dünne Leitungen oder durch solche aus schlecht leitendem Material findet der elektrische Strom entsprechenden Widerstand, ähnlich wie ein Wasserstrom in engen Rohren. Der Widerstand aber setzt natürlich die Stärke des Stromes herab. Dieser Widerstand wird in »Ohm« gemessen. Spannung, Stromstärke und Widerstand stehen in einer bestimmten, einfachen Beziehung zueinander, welche durch das Ohmsche Gesetz festgesetzt ist. Danach ist die Stromstärke gleich Spannung dividiert durch Widerstand oder anders ausgedrückt: Ampère = Volt/Ohm. Daraus ergibt sich rechnerisch ferner: Ohm = Volt/Ampère.

Die Preisberechnung der Elektrizität, welche mit Hilfe eines Elektrizitätszählers erfolgt, geschieht nach »Watts« oder »Kilowatts« (= 1000 Watt), und zwar ist 1 Watt = 1 Volt × 1 Ampère. Beträgt die Spannung des Stromkreises z. B. 110 Volt, und arbeiten wir mit einer Stromstärke von 10 Ampères, so beläuft sich der Verbrauch, der nach Stunden berechnet wird, auf 110 × 10 = 1100 Watt = 1,1 Kilowatt. Hat man mit einem Netz von 220 Volt zu tun, so verbraucht man bei der gleichen Ampèrezahl 2,2 Kilowatt. Legt man den Düsseldorfer Preis von 40 Pf. für das Kilowatt zugrunde, so hat man stündlich 88 Pf. zu zahlen, gegenüber 44 Pf. in ersterm Falle.

## Gleichstrom und Wechselstrom

Man hat noch eines zu beachten. Es gibt zweierlei Arten von Strom, und zwar liefert ihn die Zentrale entweder als »Gleichstrom« oder als »Wechselstrom«. Der Unterschied besteht darin, daß bei ersterm der Strom stets in der gleichen Richtung läuft, während er beim Wechselstrom außerordentlich rasch die Richtung wechselt. Bei Wechselstrom hat man fernerhin zwischen zweiphasigem und mehrphasigem Wechselstrom zu unterscheiden, welch letzterer auch »Drehstrom« genannt wird. Gleichstrom ist für Projektionszwecke viel vorteilhafter als Wechselstrom, indem die Bogenlampe bei ersterm ruhiger brennt und vor allem ein bedeutend besser auszunutzendes Licht liefert.

## Bogenlampe und Widerstand

Nun zur Bogenlampe! Läßt man den elektrischen Strom in freier Luft zwischen zwei Kohlenstiften überspringen, so entsteht ein Lichtbogen von großer Helligkeit, und zwar wird die Helligkeit um so größer, je höher die Stromstärke (Ampèrezahl) ist. Diese Erscheinung erfordert eine Spannung von etwa 45 Volt bei Gleichstrom und etwa 30 Volt bei Wechselstrom. Bei geringerer Spannung kommt der Lichtbogen nicht zustande. Liefert die Stadt nun einen Strom von 110 Volt, so haben wir (bei Gleichstrom) 65 Volt zuviel, und dieser Überschuß muß vernichtet werden. Dies geschieht in der Weise, daß man den Strom durch einen langen, dünnen Nickeldraht laufen läßt, welcher den sogenannten »Widerstand« bildet. Wie groß dieser Widerstand sein muß, läßt sich mittels des Ohmschen Gesetzes berechnen. Soll die Bogenlampe z. B. mit einer Stromstärke von 10 Ampères brennen, so brauchen wir nur die zu vernichtende Voltzahl (65) durch 10 zu dividieren, um die Ohmzahl zu erhalten; also Widerstand = 65 Volt/10 Ampères = 6,5 Ohm. Für 20 Ampères ergibt sich ein Widerstand von 3,25 Ohm. Haben wir ein Stromnetz von 220 Volt, so sind 175 Volt zu vernichten, und wir brauchen bei 10 Ampères einen Widerstand von 175/10 = 17,5 Ohm; bei 20 Ampères 8,75 Ohm. Macht man den Widerstand regulierbar, so kann man, je nachdem auf eine größere oder kleinere Ohmzahl eingestellt wird, die Lampe mit verschieden hohen Ampèrezahlen, also mehr oder minder hell brennen lassen, und eine solche Anordnung ist in vielen Fällen sehr praktisch.

Der Widerstand ist eine unangenehme Beigabe des Bogenlichtes; denn er schluckt eine Menge von Strom, die nutzlos in dem Drahtwiderstand in Wärme verwandelt wird. Die Lampe selbst braucht, wenn wir deren

Spannung zu 45 Volt annehmen, bei einer Stromstärke von 10 Ampères nur 45 × 10 = 450 Watt, während wir der Leitung, welche 220 Volt liefern mag, 220 × 10 = 2200 Watt entnehmen und bezahlen müssen. Haben wir mit einem Netz von 110 Volt zu tun, so werden wir bei gleicher Stromstärke nur 110 × 10 = 1100 Watt entnehmen, also die Hälfte. Es ist mithin vorteilhaft, wenn die Netzspannung niedrig ist, weil man dann einen kleinern Widerstand braucht und sich der Betrieb infolge geringern Verlustes billiger stellt. Doch sollte die Netzspannung (bei Gleichstrom) mindestens 65 Volt, bei höhern Ampèrezahlen besser etwas mehr, etwa 75 Volt betragen; denn ein kleiner Überschuß an Volts, der durch einen Widerstand vernichtet wird, ist für ein ruhiges Brennen der Lampe stets notwendig, auch wird bei zu niedriger Spannung der Lichtbogen zu kurz und reißt leicht ab. Dies ist besonders zu beachten, wenn man eine Maschine zur Selbstherstellung von Strom oder einen Umformer beschafft.

## Transformator und Umformer

Bei Wechselstrom liegt nun die Möglichkeit vor, rationeller zu arbeiten. Hier kann man nämlich mit Hilfe eines besondern Apparats, des »Transformators«, die zu hohe Spannung auf die zum Betriebe der Bogenlampe erforderliche Spannung herabsetzen, wobei gleichzeitig die Stromstärke in die Höhe gesetzt wird. Es findet hier gewissermaßen eine Umwandlung von Volts in Ampères statt. Ein Beispiel mag das erläutern. Es möge ein Strom von 220 Volt und 5 Ampères zur Verfügung stehen, so daß wir 220 × 5 = 1100 Watt haben, während wir für die Bogenlampe mit Widerstand nur 60 Volt brauchen (bei Wechselstrom genügt diese Spannung). Eine Energie von 1100 Watt käme nun auch heraus, wenn wir 60 Volt und etwa 18 Ampères hätten, da ungefähr 60 × 18 = 1100. Ein geeigneter Apparat müßte uns also die Energie von 220 Volt 5 Ampères in 60 Volt 18 Ampères umwandeln, und dieses besorgt tatsächlich der Transformator. Allerdings geht bei der Umwandlung etwas Energie (etwa 15 Prozent) verloren, so daß wir etwas weniger als 18 Ampères bekommen. Es ist bei dieser Umwandlung ähnlich wie mit einem Hebel. Wir mögen beispielsweise eine Kraft zur Verfügung haben, die imstande ist, 100 kg 1 m hoch zu heben. Mit dieser selben Kraft können wir durch Anwendung eines Hebels auch 200 kg $^1/_2$ m oder 400 kg $^1/_4$ m hoch heben usw.

Es gibt noch eine andere Einrichtung zur Umwandlung des Stromes, nämlich den rotierenden Umformer, der aus einem Elektromotor und einer Dynamomaschine besteht. Dieser Apparat, welcher auch bei Gleichstrom verwendbar ist, stellt sich aber sehr hoch im Preis, und die Anschaffung lohnt sich nur dann, wenn man, wie im Kinematographentheater, ständig arbeitet und viel Strom verbraucht. Da wird man den Umformer namentlich auch bei Wechselstrom oder Drehstrom benutzen, um diesen in Gleichstrom zu verwandeln, weil Gleichstrom eine viel bessere Lichtausnutzung gibt.

Was ist nun zur Darstellung des Bogenlichtes alles erforderlich? Da haben wir zunächst die Bogenlampe mit den Kohlenstiften, dann den Widerstand, bei Wechselstrom eventuell einen Transformator, und schließlich die Leitungsschnur (Kabel) zur Herstellung des Anschlusses an das Netz.

## Ausführungsformen der Bogenlampe

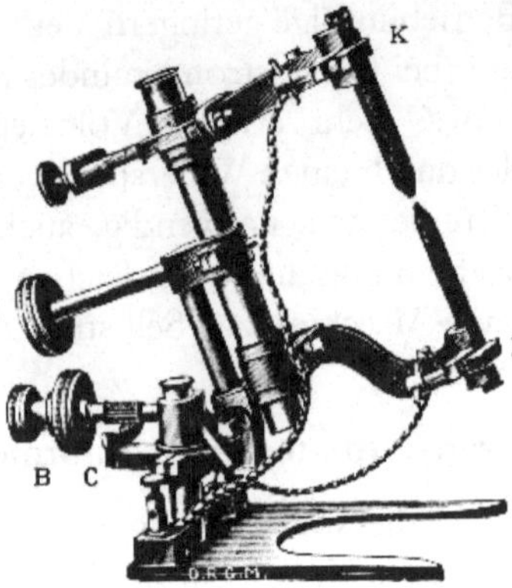


Fig. 13. Projektions-Bogenlampe.

Da die Kohlenstifte allmählich abbrennen, muß für eine Nachstellung gesorgt werden. Es gibt nun Bogenlampen, welche diesen Nachschub automatisch bewirken, und solche, bei denen die Stifte dem Abbrand entsprechend mit der Hand nachgestellt werden. Die Handregulationslampen sind zur Projektion im allgemeinen den automatischen vorzuziehen; abgesehen davon, daß sie sicherer und zuverlässiger funktionieren und sich leichter zentrieren lassen, kann man bei erstern die Stromstärke und damit auch die Helligkeit innerhalb sehr weiter Grenzen verändern, und das ist von großer Wichtigkeit. Um Vorurteilen Unkundiger zu begegnen, sei bemerkt, daß die Einstellung mit der Hand keinerlei Schwierigkeiten oder Mühen mit sich bringt, ja daß man den kleinen Handgriff, welcher alle drei bis fünf Minuten (also jeweils nach dem Auswechseln einiger Laternbilder) zu erfolgen hat, nach kurzer Zeit sozusagen »automatisch« besorgt.

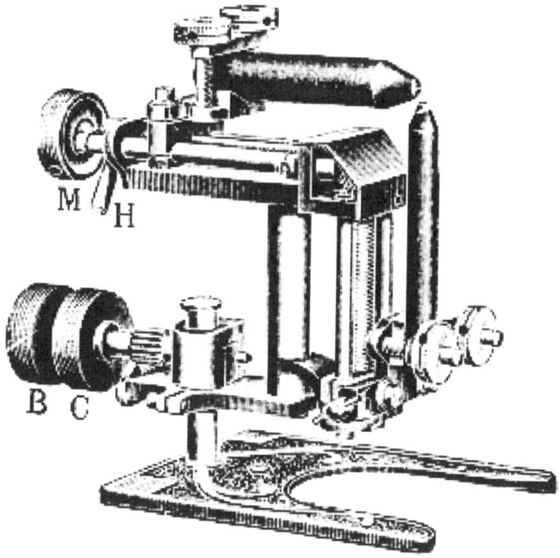


Fig. 14. Bogenlampe mit wagerecht angeordneter Oberkohle.

Die einzelnen Bogenlampenmodelle unterscheiden sich, abgesehen von der Ausstattung, durch die Stellung der Kohlenstifte. Fig. 13 zeigt eine Lampe mit schräg angeordneten Kohlenstiften, die aber auch durch Umlegen in senkrechte Stellung gebracht werden kann. Die dargestellte Anordnung eignet sich namentlich gut für Gleichstrom, ist aber auch für Wechselstrom sehr tauglich, wenngleich manche bei letzterer Stromart die Senkrechtstellung vorziehen. In Fig. 14 ist eine Kohlenstellung wiedergegeben, bei der die obere Kohle wagerecht liegt. Die Lampen dieser Art, welche sich vielfach einbürgern, eignen sich sowohl für Gleichstrom als auch für Wechselstrom bis zu einer Stromstärke von 30 Ampères; bei höhern Stromstärken wird hier der Lichtbogen zu stürmisch. Die beiden dargestellten Lampen besitzen unten zwei auf einer Achse angebrachte Triebe, die zum Einstellen des Lichtpunktes nach der Höhe und Seite dienen; der darüber befindliche Trieb reguliert den Abstand der Kohlenstifte, während bei Lampe Fig. 13 oben noch ein weiterer Trieb vorhanden ist, mit dem man die Oberkohle gegen die untere verstellen kann.

## Die Kohlenstifte

Um ein schönes, ruhiges Licht zu erzielen, muß man vor allem gute oder lieber die besten Kohlenstifte benutzen. Da ist es falsch, einige Pfennige zu sparen und eine billigere Sorte zu kaufen. Minderwertige Kohlen schlacken, machen durch ihre Verunreinigungen den Bogen unruhig und geben ein flackerndes Licht. Gute Kohlen haben einen metallischen Klang und sind ökonomisch, indem sie bei mäßigem Abbrand eine gute Lichtausbeute geben.

Bei Gleichstrom brennt die positive Kohle doppelt so schnell ab wie die negative; damit nun der Lichtpunkt auf derselben Stelle bleibt, nimmt man die erstere so viel dicker, daß der Abbrand beider Stifte derselbe ist. An der positiven Kohle bildet sich ferner eine Höhlung, der »Krater«, während an der negativen eine Spitze entsteht. Von dem Krater geht die Hauptmenge des Lichtes aus, und um seine Bildung zu befördern, versieht man die positive Kohle mit einem »Docht« aus schneller abbrennendem Material. Die Kohlen ohne Docht nennt man homogene Kohlen. Bei Wechselstrom verwendet man oben und unten Dochtkohlen von gleicher Stärke. Vorteilhaft ist bei dieser Stromart auch ein Kohlenstift, dessen eine Seite abgeflacht ist; diese Kohle wird oben verwendet, während man unten eine runde Kohle entsprechender Dicke benutzt. Auch Kohlenstifte mit exzentrischer Bohrung kommen bei Wechselstrom zur Verwendung.

Die Dicke der Kohlenstifte richtet sich nach der Stromstärke. Folgende Tabelle mag einen Anhalt bieten.

| | Für Gleichstrom | | Für Wechselstrom |
|---|---|---|---|
| Stromstärke in Ampères | positive Dochtkohle ( mm ) | neg. Homogenkohle ( mm ) | beide Dochtkohlen ( mm ) |
| 5 | 9 | 6 | 6 |
| 10 | 12 | 8 | 9 |
| 15 | 15 | 10 | 12 |
| 20 | 18 | 12 | 15 |
| 30 | 21 | 14 | 18 |
| 40 | 24 | 16 | 21 |

Dünnere Kohlenstifte liefern erfahrungsgemäß ein helleres Licht, aber sie brennen rascher ab; bei zu geringem Durchmesser brennt die Lampe unruhig und zischt. Bei den Lampen mit wagerechter Oberkohle verwendet man besser etwas dünnere Kohlen, und zwar mag in obiger Tabelle jeweils eine Stufe tiefer genommen werden.

Der Widerstand wird, namentlich wenn es sich um höhere Stromstärken handelt, zweckmäßig regulierbar genommen. Auch den bei Wechselstrom empfehlenswerten Transformator kann man mit einem regulierbaren Widerstand in Verbindung bringen.

## Zuleitung und Sicherung

Die Leitungsschnur für den Anschluß an die elektrische Leitung muß so stark bemessen sein, daß sie die höchste zur Verwendung kommende Stromstärke reichlich durchläßt. Nimmt man das Kabel zu dünn, so tritt eine Erhitzung des Drahtes ein, und die Isolation (Gummi und Garn) kann in Brand geraten, wenn nicht gar der Docht selbst durchschmilzt. Als Anhalt mag dienen, daß man nach der Vorschrift deutscher Elektrotechniker isolierte Drähte aus Leitungskupfer in folgender Weise beanspruchen darf:

| Durchmesser von | 1,8 | 2,3 | 2,8 | 3,6 | 4,6 | 5,7 |
|---|---|---|---|---|---|---|
| bis zu Ampères | 10 | 15 | 20 | 30 | 40 | 60 |

Es fragt sich nun, wie und wo der Anschluß an das Stromnetz zu bewirken ist. Da hat man folgendes zu beachten. Sowohl für die Hauptleitung wie auch für jede Zweigleitung ist auf der Schalttafel eine Sicherung vorgesehen, die zum Schutze der Leitung dient. Wenn nämlich einmal durch Unvorsichtigkeit zwei blanke Stellen der Drähte in Berührung kommen oder durch einen Metallgegenstand verbunden werden — der Techniker nennt das »Kurzschluß« — so wird infolge des geringen Widerstandes plötzlich ein starker Strom durch die Leitung fließen, der bei andauerndem Kurzschluß den Draht übermäßig erhitzen und durchbrennen würde. Die Sicherung nun besteht aus einem Stück Blei- oder Silberdraht, der bei einer bestimmten Stromstärke durchschmilzt und dadurch den Strom öffnet, und zwar wird die Sicherung der Stärke der Leitung so angepaßt, daß eine Überlastung der letztern unmöglich gemacht ist. Die Ampèrezahl, welche die Sicherung durchläßt, ist darauf aufgeschlagen. Man braucht also nur die Sicherung nachzusehen, um festzustellen, ob die betreffende Leitung für den Anschluß stark genug ist.

## Kleine und starke Bogenlichteinrichtung

Fig. 15. Kleine Bogenlichteinrichtung.

Wenn wir mit niedriger Stromstärke arbeiten, etwa 5 Ampères, womit man bei einem nicht zu großen Raume auskommt, so läßt sich der Anschluß in der Regel direkt an einen kleinen Stechkontakt oder an eine Lampe machen, welche aus der Fassung herausgeschraubt wird. Die ganze Anordnung, welche man als »kleine Bogenlichteinrichtung« bezeichnen kann (im Gegensatz zur »starken Bogenlichteinrichtung«), gestaltet sich dann recht einfach; sie ist in Figur 15 dargestellt. Links haben wir die Bogenlampe, ein kleines Modell mit wagerecht liegender Oberkohle, rechts davon den Widerstand, und beide Teile verbunden durch die verflochtene Leitungsschnur, an deren Ende sich der Gewindestöpsel befindet; diesen schraubt man an Stelle der Glühlampe in einen Kronleuchter oder in eine Tischlampe ein, oder man bewirkt nach Entfernung des Gewindeteiles den Anschluß an einen Stechkontakt.

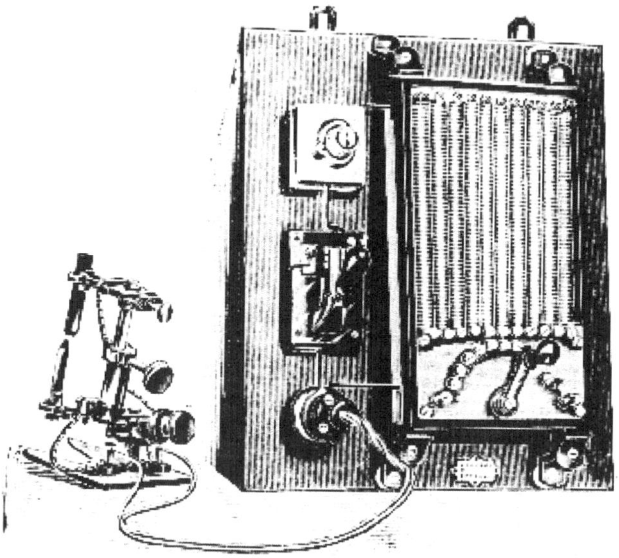

Fig. 16. Starke Bogenlichteinrichtung mit Schalttafel.

Eine starke Bogenlichteinrichtung zum Arbeiten mit höhern Stromstärken zeigt Fig. 16. Der Widerstand, welcher sich mit Hilfe der Kurbel regulieren läßt, ist auf einer Schalttafel angebracht, die weiterhin ausgerüstet ist mit einer Sicherung, einem Ausschalter und einem Stechkontakt zum Anschluß für die links dargestellte Bogenlampe. Zur Vervollständigung bringt man auf der Schalttafel zuweilen noch ein Voltmeter und ein Ampèremeter an, zwei Instrumente, welche die Höhe der Stromstärke bzw. -spannung anzeigen. Der Anschluß an die Hausleitung muß an einer Stelle bewirkt werden, die hinreichend stark »gesichert« ist. Arbeitet man bei Wechselstrom mit einem Transformator, so ist zu berücksichtigen, daß der Apparat der Leitung eine geringere Stromstärke entnimmt, als er zur Bogenlampe liefert; wenn die Stromstärke nicht mehr als 5 bis 6 Ampères beträgt, so kann man, wie bei der kleinen Bogenlichteinrichtung, mittels eines Gewindestöpsels an die Glühlampenleitung anschließen. Eine solche Einrichtung ist in Fig. 17 wiedergegeben: rechts die Bogenlampe, links der Transformator, worauf oben der Widerstand aufgebaut ist, und daneben die Leitungsschnur mit dem Anschlußstück.

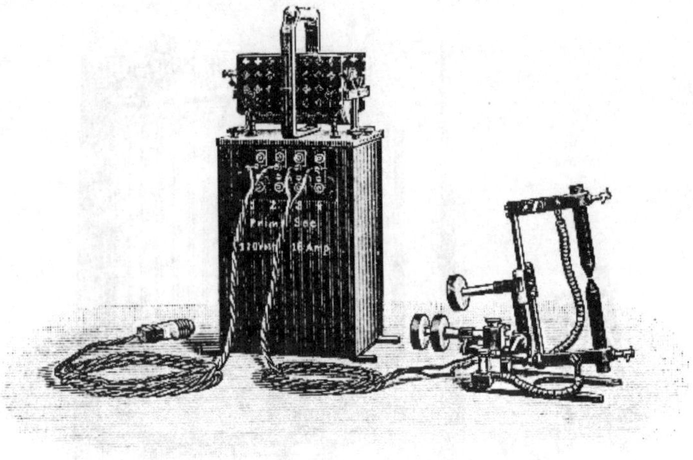

Fig. 17. Bogenlampeneinrichtung mit Transformator und aufgebautem Widerstand.

## Handhabung der Bogenlampe

Über die Handhabung der Bogenlampe ist folgendes zu sagen. Bei Gleichstrom ist es zunächst von größter Wichtigkeit, für einen richtigen Anschluß der Lampe zu sorgen: die obere Kohle muß mit dem positiven Ende des Kabels verbunden werden, die untere Kohle mit dem negativen Ende. Wenn man nicht weiß, welches Ende positiv und welches negativ ist, so verbindet man zuerst auf gut Glück. Es wird das eine Drahtende mit der Bogenlampe verbunden, das zweite Ende an den Widerstand angeschlossen und von der andern Klemme des Widerstandes wiederum eine Drahtverbindung zur zweiten Polklemme der Bogenlampe gemacht. Um die Lampe in Betrieb zu setzen, schließt man den eventuell vorgesehenen Ausschalter; hat man ferner einen regulierbaren Widerstand, so stellt man die Kurbel auf den ersten Kontakt. Alsdann bringt man die Kohlenstifte durch Drehen des Triebes auf einen Augenblick zur Berührung, um sie rasch wieder auf einige Millimeter auseinanderzudrehen, wobei sich der Lichtbogen bildet. Man läßt die Lampe ein paar Minuten brennen und beobachtet nun, ob sich in der obern Kohle ein Krater gebildet hat und die untere Kohle spitzenförmig angewachsen ist. Zeigt es sich, daß die Kraterbildung an der untern Kohle erfolgt, so hat man falsch verbunden, und man muß die Drahtanschlüsse wechseln. Der Krater, welcher sich an der obern Kohle bildet, sendet die größte Länge des Lichtes aus; damit er sein Licht möglichst gleichmäßig gegen die Kondensorlinsen werfen kann, ordnet man die beiden Kohlenstifte derart zueinander an, daß der Krater nach vorne hin zu liegen kommt. Bei der in Fig. 13 dargestellten Lampe wird dazu die obere Kohle gegen die untere etwas zurückgestellt. Noch ein anderes Merkmal zeigt uns an, ob die Drahtverbindung richtig ist: wenn man ausgeschaltet hat, muß die obere Kohle länger nachglühen als die untere, da der positive Pol stärker erhitzt wird als der negative. Ist es umgekehrt, so hat man falsch angeschlossen. Dies gilt für Gleichstrom. Bei Wechselstrom kann man die Drähte nach Belieben anschließen, da es hier keinen positiven und negativen Pol gibt.

Neue Kohlen zischen anfangs; es müssen sich nämlich zunächst Krater und Spitze bilden, bis die Lampe ruhig brennen kann. Zündet die Bogenlampe nicht, wenn man die Kohlenstifte zur Berührung bringt, so ist an irgendeiner Stelle der Stromkreis unterbrochen, sei es, daß ein Anschluß zu machen versäumt wurde, oder ein Draht schlechten Kontakt hat, oder daß eine Sicherung durchgeschmolzen ist. Man prüfe mit Ruhe alle Anschlüsse der Reihe nach durch, und wenn dort der Fehler nicht liegt, sehe man die Sicherungen nach.

Wer mit dem Bogenlichtapparat auf Reise geht und Vorträge an verschiedenen Orten hält, wird hier Gleichstrom, dort Wechselstrom, hier 110 Volt, dort 220 Volt oder wiederum eine andere Voltzahl antreffen. Er muß sich demgemäß für das Arbeiten mit verschieden hohen Spannungen sowohl bei Gleichstrom als auch bei Wechselstrom rüsten, und dazu braucht er einen sogenannten Universalwiderstand, der sich auf die verschiedenen Spannungen bis zu etwa 250 Volt einstellen läßt. Es kommt nicht selten vor, daß in einem Lokal keine Auskunft über die Höhe der Spannung zu erhalten ist. Da schraube man eine Glühlampe ab: auf dieser findet man die Voltzahl aufgedruckt. Die auf den Sicherungen und Ausschaltern verzeichnete Spannung (das wolle man wohl merken) ist nicht maßgebend; man findet darauf beispielsweise aufgeschlagen 250 Volt, während die Spannung des Netzes nur 110 Volt betragen mag. Bei der Sicherung darf man sich nur an die aufgeschlagene Ampèrezahl halten, welche die für die gesicherte Leitung zulässige Stromstärke angibt. Bei Verlegung von Anschlüssen wird man gelegentlich auch mit dem sogenannten Dreileitersystem zu tun haben; es ist das ein Gleichstrom, welcher drei Leitungen besitzt. Hier werden ebenfalls zum Anschließen nur zwei Drähte benutzt: die Verwendung beider »Außenleiter« gibt die normale, hohe Spannung des Netzes, z. B. 220 Volt, während der Anschluß an einen der Außenleiter und den »Innenleiter« (Nullpol) die Hälfte der Spannung, im obigen Beispiele also 110 Volt, liefert. Man wird, wenn irgendmöglich, die letztere Anschlußweise benutzen; jedoch schreiben die Elektrizitätswerke, wenn es sich um höhere Stromstärken, z. B. 30 Ampères, handelt, in der Regel die Benutzung der beiden Außenleiter vor, da sonst eine zu starke einseitige Belastung des Netzes eintreten kann. Auch bei Drehstrom (Mehrphasenstrom) gibt es drei Drähte, an deren zwei man anschließen muß, um einen einphasigen Wechselstrom zum Betriebe der Bogenlampe zu erhalten. Nötigenfalls setze man sich dieserhalb mit dem Elektrizitätswerk oder einem Elektrotechniker in Verbindung.

## Das elektrische Glühlicht

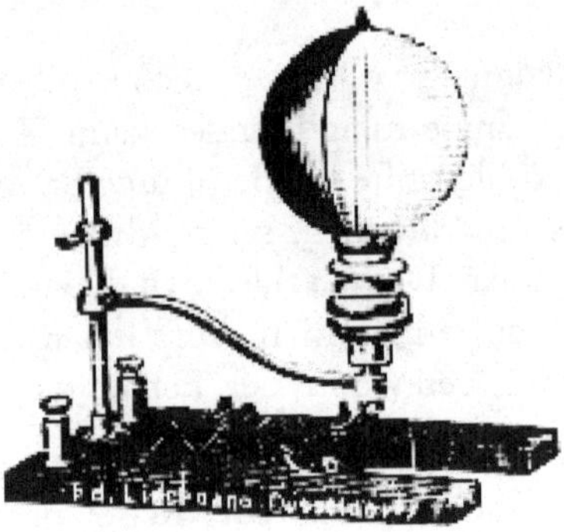

Fig. 18. Fokuslampe.

Der elektrische Strom läßt sich auch in Form des Glühlichtes für den Lichtbilderapparat nutzbar machen. Die gewöhnlichen Glühlampen sind indessen nicht verwendbar, weil das Licht bei diesen zu wenig konzentriert und meist auch zu schwach ist. Für Projektionszwecke baut man vielmehr eine besondere Lampe mit spiralförmigem Faden, die sogenannte Fokuslampe, welche für eine Lichtstärke von 100 Kerzen hergestellt und mittels der in Figur 18 wiedergegebenen Anordnung in den Apparat gebracht wird. Eine höhere Lichtstärke läßt sich mit Hilfe der von Prof. Nernst erfundenen Glühlampe erzielen, die ebenfalls für Projektionszwecke gebaut wird. Bei diesen Nernstlampen sind Widerstände erforderlich, die in glühbirnenähnlichen Glasgefäßen untergebracht sind. Die »Brennfäden« müssen zuerst angewärmt werden, was bei neuern Lampen durch eine automatische Zündung geschieht.

## Das Kalklicht

### Wirkungsweise des Kalklichtes

Das Kalklicht wird in der Weise dargestellt, daß man mittels eines Brenners eine sehr kräftige Stichflamme erzeugt und diese gegen ein Stück Kalk leitet, welches dadurch in intensive Weißglut versetzt wird. Zur Bereitung der Stichflamme braucht man ein brennbares Gas, z. B. Leuchtgas, sowie reines Sauerstoffgas. Sauerstoff bekommt man in Stahlflaschen »verpackt« geliefert, und zwar wird dieses Gas unter einem Druck von 120 Atmosphären darin eingefüllt, so daß 1200 l Sauerstoff in eine 10-Liter-Flasche gehen. Die Stahlflaschen werden alle drei Jahre amtlich geprüft, wodurch die nötige Sicherheit für deren Verwendung gewährleistet ist. Man kann nun den Sauerstoff unter dem zur Verfügung stehenden hohen Druck nicht verwenden, vielmehr braucht man ihn im Brenner nur unter $^1/_4$ bis 1 Atmosphäre und geht zur Darstellung besonders kräftigen Lichtes höchstens bis zu $1^1/_2$ oder 2 Atmosphären. Man muß also den Druck vermindern, und dies geschieht mit Hilfe eines Druckreduzierventils, welches an die Stahlflasche angeschraubt wird. Mit diesem Instrument wird in der Regel noch ein Inhaltsmesser verbunden, mit welchem man feststellen kann, wieviel Sauerstoff die Flasche noch enthält.

## Ersatz für Leuchtgas

An Stelle von Leuchtgas, welches ja nicht allenthalben zur Verfügung steht, kann auch Wasserstoff benutzt werden, den man ebenso wie Sauerstoff in Stahlflaschen komprimiert bezieht und mittels eines Druckreduzierventils daraus entnimmt. Die Anschlußstücke der Wasserstoffflaschen sowie auch das dazu passende Reduzierventil haben Linksgewinde, damit Verwechslungen mit Sauerstoffflaschen und -ventilen nicht vorkommen können. Als brennbares Gas läßt sich auch Azetylen verwenden, das man mit den weiter unten beschriebenen Apparaten selbst bereiten kann, und schließlich steht die Möglichkeit frei, flüssige, sehr leicht flüchtige Brennstoffe zu verwenden, unter denen namentlich reiner Schwefeläther und Gasolin in Betracht kommen. Dieses Material muß nun dem Brenner in gasförmigem Zustande zugeführt werden, und das geschieht sehr bequem in der Weise, daß man Luft durch die Flüssigkeit streichen läßt, welche sich mit Äther- oder Gasolindampf sättigt und nun als »Luftgas« das brennbare Gas darstellt. Der einfachste Apparat zur Erzeugung dieses Luftgases, die »Luftgasdose«, besteht aus einem kleinen Kessel, der mit der Brennflüssigkeit gefüllt und durch eine Schlauchleitung mit dem Kalklichtbrenner verbunden wird; letzterer saugt die Luft durch den Kessel hindurch an. Während dieser Apparat nur für kürzere Brenndauer bestimmt ist (etwa eine halbe bis drei viertel Stunden), dient zum Arbeiten auf längere Zeit der aus mehrern Gefäßen zusammengesetzte »Gasator«.

## Die Kalklichteinrichtung

Eine vollständige Kalklichteinrichtung in Verbindung mit einem solchen Gasator ist in Fig. 19 wiedergegeben. Wir haben links die Stahlflasche mit dem Verschlußhahn A, über welch letztern beim Transport die Kappe B geschraubt wird. An die Stahlflasche ist der Inhaltmesser E und davor das Druckreduzierventil angeschraubt, welches ein Manometer D zum Ablesen des Arbeitsdruckes besitzt, während mit Hilfe der Schraube F dieser Druck eingestellt wird. Rechts steht der Kalklichtbrenner, ein sogenannter Starkdruckbrenner, dessen rechter Hahn durch Schlauchleitung mit dem Reduzierventil verbunden ist, während vom linken Hahn ein Schlauch zu dem mit Äther gefüllten Gasator K führt. Wenn Leuchtgas vorhanden ist, fällt der Gasator fort, und der Schlauch wird direkt an die Leuchtgasleitung angeschlossen. Benutzt man anderseits komprimierten Wasserstoff oder Azetylen, so kommt an Stelle des Gasators die mit Reduzierventil versehene Wasserstoffflasche bzw. der Azetylenapparat. Auf dem Brenner sitzt vorne auf einem Metallstift das zylinderförmige und durchbohrte Kalkstück, das durch einen Trieb von hinten her der Brennerspitze genähert bzw. davon entfernt werden kann, während ein zweiter Trieb das Kalkstück dreht und hebt. Durch diese letztere Bewegung ist es möglich, der Stichflamme, welche mit der Zeit ein Loch in den Kalk frißt, eine frische Fläche zu bieten. Neben der Zylinderform gelangen auch scheibenartige Kalkstücke zur Verwendung; vor allem aber benutzt man jetzt vielfach an Stelle des Kalkes, der in der Regel nur für ein einzige Vorstellung vorhält, eine aus seltenen Erden hergestellte »Pastille«. Dieses Material gibt, wenigstens bei einem Sauerstoffdruck bis zu $^1/_2$ Atmosphäre, eine größere Helligkeit, und es läßt sich häufiger — etwa zehnmal — brauchen; außerdem sind die Pastillen haltbar, während der Kalk bei seiner hygroskopischen Eigenschaft leicht zerbröckelt, wenn er nicht sorgfältig, gegen Feuchtigkeit und Hitze geschützt, aufbewahrt wird.

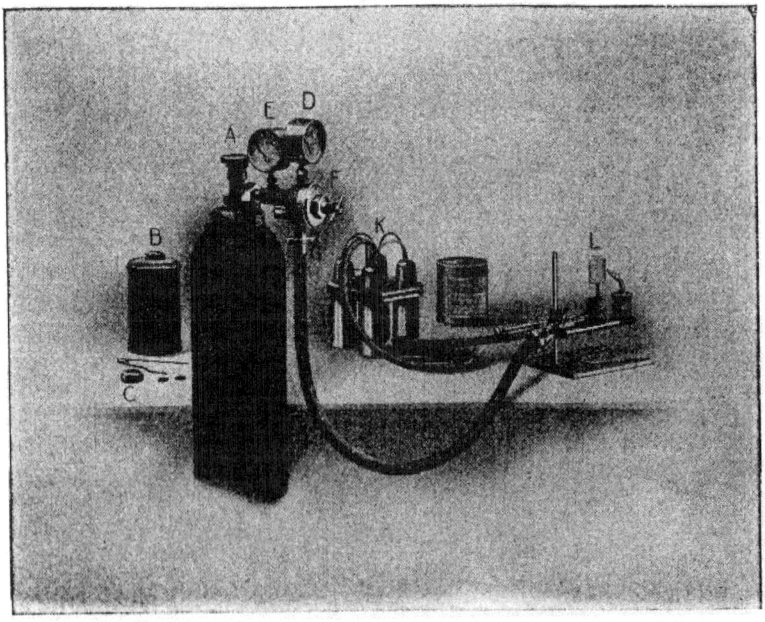


Fig. 19. Kalklichteinrichtung.

## Handhabung des Kalklichtes

Nun wollen wir einmal die Kalklichteinrichtung in Betrieb setzen. Wir haben zunächst die geschlossene Stahlflasche mit Sauerstoff vor uns, deren Kappe B wir mit dem Schraubenschlüssel durch Linksdrehen abschrauben. Alsdann liegt der Ventilhahn A frei und seitlich daran ein Rohransatz mit Gewinde, auf dem eine Kappe C sitzt, welche wir losdrehen und entfernen. An diesen Ansatz werden dann Inhaltmesser und Druckreduzierventil geschraubt (wie es die Abbildung zeigt); die Schraubenmutter wird mit dem Schlüssel fest angezogen. Zunächst drehen wir die Stellschraube F links herum so weit heraus, bis sie keinen Druck mehr auf das Ventil ausübt, wodurch letzteres geschlossen wird, und öffnen dann langsam den Hahn A der Stahlflasche, um am Inhaltmesser E den Inhalt zu kontrollieren (plötzliches Öffnen könnte den Inhaltmesser beschädigen). Dieses Instrument zeigt aber nicht direkt den Inhalt an, sondern vielmehr den Druck, unter welchem der Sauerstoff steht; daraus und aus dem Rauminhalt der Flasche läßt sich die Menge Sauerstoff durch Multiplikation direkt berechnen. Es möge der Rauminhalt, welcher auf die Flasche aufgeschlagen ist, 11 l sein und der Inhaltmesser 120 Atmosphären anzeigen: dann haben wir 11 × 120 = 1320 l Sauerstoff. Ist nach längerm Gebrauch der Druck auf 40 Atmosphären gesunken, so haben wir nur noch 11 × 40 = 440 l Gas in der Flasche.

Es heißt nun, die Schlauchverbindungen herstellen. Hat man Leuchtgas zur Verfügung, so fragt es sich, ob an geeigneter Stelle der Hausleitung ein Hahn ist, auf den man den Schlauch stecken kann, oder ob man an eine Gaslampe anschließen muß. In letzterm Falle wird der Gasglühlichtbrenner abgehoben, so daß nur das untere Rohrteil stehen bleibt, über welches man den Schlauch stülpt; die Luftlöcher unten am Brennerstück muß man mit gummiertem Papier verkleben. Noch besser ist es, auch dies Rohrteil abzuschrauben und an dessen Stelle ein knieförmiges Schlauchansatzstück aufzuschrauben. Nun wird das andere Ende dieses Schlauches auf den linken Brennerhahn gesteckt, und der rechte Hahn mit dem Druckreduzierventil durch eine Schlauchleitung verbunden; dieser letztere Schlauch, welcher den hohen Sauerstoffdruck aushalten muß, sollte recht starkwandig sein, und man tut gut, dessen Enden mit Drähten an Reduzierventil und Brenner zu befestigen.

Endlich wird ein Kalkstück aus der Blechbüchse genommen und auf den Stift des Brenners gesetzt; der Abstand des Kalkes von der Brennerspitze mag 3 bis 6 mm betragen. Man öffnet den Leuchtgashahn sowie den linken Brennerhahn und entzündet die Flamme. Um aus dem Kalkstück zunächst die Feuchtigkeit auszutreiben, läßt man die Leuchtgasflamme einige Minuten brennen und dreht das Kalkstück mittels des Triebes hin und her. Alsdann dreht man, nachdem der rechte Brennerhahn ganz offen gestellt ist (den Flaschenhahn A haben wir schon vorher geöffnet), allmählich die Stellschraube F des Reduzierventils rechts herum herein, wodurch nach und nach Sauerstoff zugelassen wird. Alsbald entsteht eine kräftige Stichflamme, und das Kalkstück gerät in Weißglut. Die große Leuchtgasflamme, welche um den Kalk spielt, entfernt man durch Abdrehen des linken Brennerhahns, den man aber nur so weit schließt, bis das Maximum des Lichtes erzielt wird; es bleibt dann noch eine kleine Flamme sichtbar. Dreht man die Schraube F weiter hinein, so steigt der Arbeitsdruck des Sauerstoffs, welchen man am Manometer D abliest, und die Helligkeit, aber gleichzeitig nimmt auch der Sauerstoffverbrauch zu. So kann man nach Belieben die Lichtstärke ändern. Kommt man in kleinen Räumen mit einem Arbeitsdruck von $^1/_4$ Atmosphäre aus, so geht man zur Erzielung höherer Lichtstärke auf $^1/_2$ bis 1 Atmosphäre oder steigert den Druck wenn nötig gar auf $1^1/_2$ bis 2 Atmosphären. Der Kalklichtbrenner arbeitet mit einem Injektor, durch welchen der unter Druck durchblasende Sauerstoff das Leuchtgas in entsprechendem Maße ansaugt.

Während des Betriebes dreht man von Zeit zu Zeit das Kalkstück, um der Stichflamme eine neue Fläche zu bieten. Benutzen wir eine Pastille, so klappen wir anfangs den umlegbaren Halter zur Seite, da die bloße Leuchtgasflamme das Material weicht, und stellen erst die Stichflamme her, um dann den Pastillenhalter hochzuklappen. Die nach der Vorführung uneben erscheinende Fläche der Pastille können wir durch Reiben auf dem Boden oder dergleichen glätten.

Steht kein Leuchtgas zur Verfügung, so ist es am bequemsten, mit dem Gasator zu arbeiten. Wir füllen ihn zu etwa drei Vierteln mit reinem Schwefeläther (man verlange solchen vom spezifischen Gewicht 0,72) und verbinden ihn, wie Fig. 19 zeigt, durch einen Schlauch mit dem linken Brennerhahn. Während der Vorführung brauchen wir uns um das Instrument nicht zu kümmern; nur wenn es sehr kalt ist, so daß die Vergasung des Äthers rasch vor sich geht, wird es notwendig sein, ihn in ein Gefäß mit handwarmem Wasser zu stellen (nicht in heißes Wasser). Übrig bleibenden Äther gießt man zurück in das Vorratsgefäß — am besten ein explosionssicheres Gefäß, wie man es mit dem Gasator kaufen kann. Gasolin ist billiger als Äther, erfordert aber Vorsicht beim Einkauf, da unter diesem Namen auch ungeeignete, weniger leicht flüchtige Materialien vertrieben werden. Es ist noch zu beachten, daß der Kalklichtbrenner zum Arbeiten mit Äther oder Gasolin eine Brennerspitze mit breiterer Öffnung haben muß als für Leuchtgas oder Wasserstoff. Für Azetylen werden mit Rücksicht auf die Eigenart dieses Gases besondere Kalklichtbrenner hergestellt.

Angenommen, wir hätten schon mehrere Vorführungen bewirkt, und nach der Anzeige des Inhaltmessers würde die Sauerstoffflasche nur noch für eine, höchstens zwei Vorstellungen reichen. Da schreiben wir an unsern Lieferanten: »Senden Sie mir eine gefüllte Flasche Sauerstoff; unsere Flasche ist voraussichtlich in 14 Tagen leer und wird dann in Tausch gegen die neue

Flasche zurückgeschickt.« — Sauerstoffflaschen können jetzt auch als Eilgut versandt werden. Die leeren Flaschen laufen auf der Bahn zum halben Frachtpreis zurück, wenn man sie im Frachtbrief als »Gebrauchte leere Stahlflasche — Bahn gefüllt passiert« bezeichnet.

Eine Stahlflasche, welche 1200 bis 1300 l Sauerstoff enthält, reicht durchschnittlich für acht Stunden. Der Verbrauch ist geringer, wenn man den Sauerstoff unter schwächerm Druck zum Brenner läßt, wodurch das Licht gleichzeitig weniger stark wird, und umgekehrt steigt der Verbrauch, wenn man durch Anwendung höhern Druckes ein intensiveres Licht erzeugt. An Plätzen, wo komprimierter Sauerstoff nicht zu bekommen ist, z. B. in überseeischen Ländern, muß man den Sauerstoff selbst herstellen, wie dies früher allenthalben geschah. Über die verschiedenen Verfahren der Sauerstoffbereitung mit Hilfe von Braunstein, Oxylith und Oxygenit findet man Ausführlicheres im »Handbuch der praktischen Kinematographie«, 3. Auflage.

---

## Das Azetylenlicht

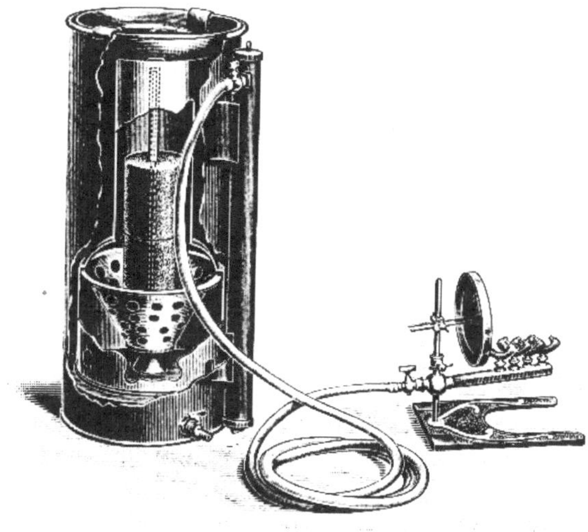

Fig. 20. Azetylengas-Entwicklungsapparat nebst Brenner.

Zur Darstellung von Azetylen gebraucht man Kalziumkarbid, ein Material, welches im elektrischen Ofen aus Kohle und Kalk gewonnen wird, und das bei bloßer Berührung mit Wasser Azetylen abgibt. Man bringt das Karbid in walnußgroßen Stücken in einen Metallkorb und hängt diesen in einen oben geschlossenen Kessel (Glocke), der in einen, zweiten oben offenen Behälter gesetzt wird, welchen man mit Wasser gefüllt hat. Die Glocke schwimmt auf dem Wasser; sowie man aber durch Öffnen eines Ablaßhahnes die Luft entweichen läßt, sinkt die Glocke, das Karbid kommt mit dem Wasser in Berührung, und es entwickelt sich Azetylengas, welches die Glocke mit dem Karbidkorb wieder hebt. Dadurch tritt eine Unterbrechung der Gasentwicklung ein; wird nun das Gas verbraucht, so sinkt die Glocke wiederum, das Karbid taucht abermals ein, entwickelt Gas, die Glocke steigt usw. Ein solch einfacher Tauchapparat arbeitet also ganz automatisch und entwickelt so viel Gas, als verbraucht wird.

Das Kalziumkarbid leidet an dem Übelstand, daß es auch schon durch die Luftfeuchtigkeit zersetzt wird und dabei das schlecht riechende Azetylengas abgibt. Man bewahrt das Material daher in luftdicht schließenden Büchsen auf. Aber beim Einfüllen hat man doch mit dem Geruch zu tun. Angenehmer ist das Arbeiten mit einem aus pulverisiertem Karbid und Paraffin hergestellten Produkt, den sogenannten Beagidpatronen. Der Paraffinzusatz bewirkt, daß die Entwicklung des Gases langsamer und weniger stürmisch vor sich geht, daß sich die Masse an der Luft weniger rasch zersetzt, und daß ihr der unangenehme Geruch des Karbids fehlt. Die Patronen bieten noch einen Vorteil: infolge der gleichmäßigen Gasentwicklung ist es möglich, einen kleiner gebauten Entwicklungsapparat zu verwenden.

Ein solcher Beagidapparat ist in Fig. 20 wiedergegeben. Er besteht aus dem oben offenen Behälter, in welchen die unten korbartig erweiterte Glasglocke paßt; in die Glocke wiederum kommt ein durchbrochener Metallkorb mit einem aufrecht stehenden Rohrstück, über welches die durchlöcherten Beagidpatronen gesteckt werden. Zwei Patronen speisen den dargestellten Azetylenbrenner auf etwa zwei Stunden. Nachdem der Apparat in dieser Weise zusammengesetzt ist, füllt man den äußern Behälter mit Wasser. Die Gasentwicklung geht dann ähnlich wie oben beschrieben vor sich, nur mit dem Unterschied, daß hier die Glocke festgestellt ist und nicht hochsteigt, daß vielmehr das Wasser selbst durch das entwickelte Gas zurückgedrängt wird, wodurch dann die Entwicklung eine Unterbrechung erleidet, bis das Gas verbraucht ist und das Wasser wiederum zutreten kann. Der Apparat besitzt einen doppelten Boden, und zwar dient der dadurch gebildete untere Raum zum Absetzen von Kondenswasser, das durch einen Hahn abgelassen werden kann. Das an der Seite angebrachte Rohr enthält Stücke von Bimsstein oder Schwamm zum Reinigen und Trocknen des Gases. Durch einen Schlauch wird das Azetylen dem Brenner zugeführt. Die abgebildete Form besitzt vier gabelförmige Brenneraufsätze, deren Licht durch einen Reflektor verstärkt wird.

Während des Betriebes bedarf der Apparat keiner Wartung. Will man eine Unterbrechung machen, so schließt man den Apparathahn. Nach der

Vorführung bringt man den Apparat auf den Flur oder Hof, zieht die Glocke heraus und legt sie hin, damit das darin befindliche Gas entweicht. Hierbei vermeide man es, eine brennende Flamme in die Nähe des Apparats zu bringen, da sich das entweichende Gas sonst leicht entzünden könnte. Aus dem gleichen Grunde sollte man nicht dabei rauchen. Ist eine der Patronen noch nicht verbraucht, so nehme man sie heraus und hebe sie für spätere Verwendung auf. Durch Eintauchen in Petroleum kann man das Material gegen Feuchtigkeit schützen.

## Spiritus- und Gasglühlicht, Petroleumlicht

Die gewöhnlichen Spiritusglühlichtbrenner, die man in besondern Lampen für die Projektionslaterne zurechtgemacht hat, sind für Lichtbilderdarstellungen in kleinen Räumen brauchbar; sie geben etwa dieselbe Wirkung ab wie das Gasglühlicht und Petroleumlicht. Ein weitaus kräftigeres Licht hat man in der Weise zu erzielen gewußt, daß man den Spiritus unter starkem Druck dem Brenner zuführte. Fig. 21 zeigt eine derart gebaute Lampe. An dem Spiritusbehälter links ist eine Pumpe angebracht, mittels welcher man durch ein paar »Schläge« so viel Luft aufpumpt, bis das kleine Manometer $1^1/_2$ Atmosphären (roter Strich) anzeigt.

Fig. 21. Spiritusglühlicht-Drucklampe.

Zum Inbetriebsetzen gießt man in die Schale unterhalb des Glühstrumpfes etwas Spiritus und zündet diesen an. Durch diese Vorheizung wird eine Vergasung des zum Brenner fließenden Spiritus bewirkt. Kurz bevor die Schale leer gebrannt ist, öffnet man den hinten herausstehenden Regulierhahn, worauf sich die Lampe von selbst entzündet. Nun gilt es, die

Luftzufuhr des Brenners einzustellen. Dies geschieht mit Hilfe der über der Düsenspitze angebrachten Muffe, welche man durch Drehen höher oder tiefer stellt, bis die größte Helligkeit erreicht ist. Wenn der Strumpf nicht ordentlich glüht, so drehe man die Muffe etwas herunter; schlägt die Flamme oben über den Glühkörper hinaus, so ist die Muffe etwas höher zu drehen. Während des Betriebes achte man darauf, daß der Zeiger am Manometer nicht unter den roten Strich geht. Von Zeit zu Zeit pumpt man entsprechend ein paar Schläge nach. Wenn die Lampe flackert oder stoßweise brennt, so ist der Brenner nicht genügend angeheizt worden, und die Vergasung ist infolgedessen zu schwach. Man muß dann nochmals anheizen.

Unter den Gasglühlichtlampen ist namentlich der neuerdings vielfach angewandte hängende Glühlichtbrenner auch für Projektionslaternen sehr gut brauchbar; er bietet gegenüber den stehenden Lampen den Vorteil, daß man in dem kleinen Glühkörper ein konzentrierteres Licht zur Verfügung hat. Die Helligkeit reicht aber nur für Vorführungen in kleinern Räumen. Das Petroleumlicht wird heutzutage in Lichtbilderapparaten nur noch selten angewandt. Die Skioptikonlampen mit drei und vier Dochten, welche in frühern Jahren eine große Rolle spielten, vermögen unsern heutigen Ansprüchen nicht mehr zu genügen. Ein Übelstand dieser Lampen besteht darin, daß sich ein Schwalchen schwerlich vermeiden läßt, sobald man den Brenner auf die größte Helligkeit einstellt.

# Zubehör zum Lichtbilderapparat

## Der Bildhalter

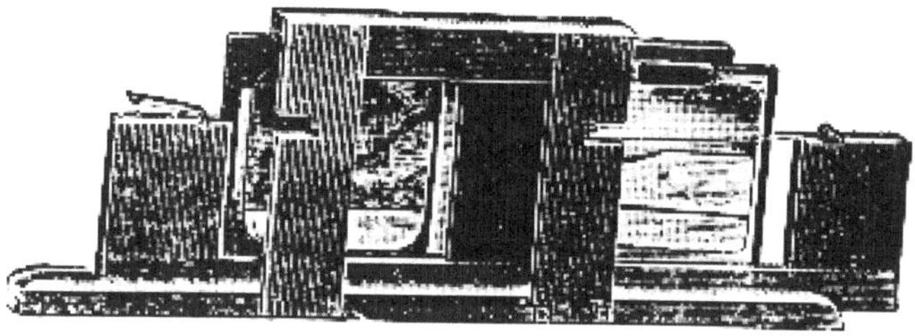

Fig. 22. Doppelbildhalter.

Außer Apparat und Lichteinrichtung braucht man vor allem noch einen Bildhalter zum schnellen Wechseln der Glasbilder und ein großes, weißes Tuch, worauf man die Lichtbilder entwirft. Der Bildhalter sollte so beschaffen sein, daß er Glasbilder der handelsüblichen Formate $8^1/_4 \times 8^1/_2$ und $8^1/_2 \times 10$ cm durcheinander aufnimmt; für größere Apparate mit 15- oder 16-cm-Kondensor sollte er außerdem für Glasbilder $9 \times 12$ cm geeignet sein. Das Einsetzen dieser verschiedenen Bildformate in einen und denselben Halter wird mit Hilfe passender Einsatzrähmchen ermöglicht. Die Bildhalter besitzen meistens einen in dem Gleitrahmen laufenden Schieber, welcher Öffnungen für zwei Bilder hat (vgl. Fig. 22) und durch Hin- und Herschieben ein rasches Auswechseln gestattet. Man hat auch andere Vorrichtungen konstruiert, z. B. solche, bei denen die in Rähmchen gesteckten Bilder in einem Fallapparat gleiten und durch Druck auf einen Hebel oder den Knopf einer elektrischen Auslösung momentan ausgewechselt werden. Ein anderer, allerdings recht teurer Apparat wiederum ist mit einem Magazin zur Aufnahme der ganzen Bilderserie versehen, und die Platten werden automatisch gewechselt, sobald der Vortragende auf einen elektrischen Kontakt drückt; da auch die Bogenlampe selbsttätig arbeitet, ist hier zum Betriebe gar keine Bedienung erforderlich.

## Der Projektionsschirm

Die Bilder werden entweder auf eine undurchsichtige weiße Wand oder durch einen transparenten Vorhang geworfen. Im erstern Falle steht der Apparat im Zuschauerraum, im andern kommt er hinter den Schirm. Der meist zur Verwendung gelangende Schirtingstoff ist sowohl zum Aufwerfen als auch zum Durchwerfen zu gebrauchen; er muß aber, wenn man die Bilder in der Durchsicht zeigen will, kurz vor dem Gebrauch mit einer Spritze oder einem Schwamm angefeuchtet werden, damit er recht viel Licht durchläßt. Ist die Vorführung von längerer Dauer, so empfiehlt es sich, das Anfeuchten in einer Pause zu wiederholen. Ein kleiner Zusatz von Glyzerin zum Wasser bewirkt, daß die Wand weniger rasch eintrocknet.

Die Schirtingwand, welche in Breiten bis zu 5 m ohne Naht zu bekommen ist, wird mit Hilfe angenähter Ösen oder auch Bänder in einen Rahmen eingespannt. Sehr praktisch — namentlich für die Reise — ist das zerlegbare Gestell, welches aus einzelnen Bambusstäben zusammengesetzt wird. Es kann, wie Fig. 23 andeutet, von einer einzigen Person auch ohne Zuhilfenahme einer Leiter in kurzer Zeit aufgerichtet werden. Für den Transport läßt sich das Rahmengestell nebst Tuch in einen Kasten oder Sack verpacken.

Fig. 23. Aufrichten des zerlegbaren Gestelles mit der Projektionswand.

Zum Aufwerfen der Lichtbilder ist noch besser als der etwas lichtdurchlässige Schirtingstoff ein glatter Schirm mit präparierter Oberfläche. Diese sogenannten Reflexwände lassen sich nicht falten, und man muß sie daher mit einer Aufrollvorrichtung benutzen oder in einen Spannrahmen einspannen. Für die Reise gibt es ein zerlegbares Gestell, welches mitsamt einer Aufrollvorrichtung und der Wand in einen langen, schmalen Kasten hineingeht. Sehr schön erscheinen die Lichtbilder auch auf einer mit Zinkweiß gestrichenen oder mit Gips ausgespachtelten Mauerwand, wie man sie in Schulräumen namentlich hinter der Wandtafel, die dann hoch oder tief geschoben wird, leicht herrichten kann.

Eine noch bessere Wirkung ergeben die neuen Projektionsschirme, deren Oberfläche durch Präparierung mit Aluminiumbronze und einem geeigneten Bindemittel silberglänzend gemacht ist. Diese Totalreflexwände oder Silberschirme bieten den Vorteil, daß man infolge der erhöhten

Reflexionskraft mit einer weniger intensiven Lichtquelle auskommt, daß man also erheblich an elektrischem Strom oder Sauerstoff sparen kann. Sie sind namentlich für diejenigen Projektionsarten zu empfehlen, welche eine sehr kräftige Beleuchtung erfordern, und das ist besonders die episkopische sowie die kinematographische Projektion. Auf der silbernen Oberfläche gelangen überdies farbige Bilder schöner und lebhafter zur Wiedergabe.

Zum Durchwerfen der Lichtbilder ist auch Pauspapier geeignet; jedoch bekommt man dieses nur bis zu $1^1/_2$ m Breite. Pausleinen gibt es nur in Breiten bis zu 1 m. Hat der Vorhang eine Naht, so lasse man diese quer über das Bild gehen, da sie dann weniger stört.

## Das Stativ

Ein besonderes Stativ für den Apparat ist in den meisten Fällen nicht erforderlich. Man nimmt einen gewöhnlichen, aber kräftigen Tisch, und wenn dieser zu niedrig ist, setzt man den Apparatkasten darauf oder stellt, falls auch dies nicht reicht, zwei Tische aufeinander. Soll ein besonderes Stativ zur Anwendung kommen, so wähle man ein Modell, welches recht stabil ist und beim Arbeiten nicht ins Zittern gerät. Geeignet sind die der Höhe nach verstellbaren hölzernen Stative nach Art des Gaußschen Stativs sowie die vierbeinigen Tischstative, die entweder feste Form haben oder mit Trieben zum Neigen und Hochstellen der Tischplatten versehen sind. Bei stationären Einrichtungen ist auch praktisch ein schrankartiges Stativ, das gleichzeitig zum Aufbewahren von Apparat und Zubehör dient. Größere Institute besitzen zuweilen Schrankstative, in welche man durch Drehen einer Kurbel den Apparat versenkt, um ihn zum Gebrauch wieder hochzukurbeln.

## Leselampe und Signal

Der Vortragende wird vielfach eine Leselampe benötigen, die auf das Rednerpult gesetzt wird und mit einem kleinen Petrolbrenner oder einer elektrischen Glühlampe ausgerüstet ist; sie hat eine Blendvorrichtung und läßt das Licht nur auf das Manuskript fallen. Wenn der Apparat so weit entfernt ist, daß eine Verständigung zwischen Vortragendem und Vorführer durch direkte Zeichen Schwierigkeiten bietet, so ist es empfehlenswert, eine elektrische Signalvorrichtung einzulegen, die aber nicht störend laut sein sollte; praktisch ist ein »stummes Signal«, bei dem eine aufleuchtende Glühlampe dem Vorführer das Zeichen zum Wechseln des Bildes gibt.

## Anschaffungs- und Betriebskosten des Lichtbilderapparats

Wer an die Beschaffung eines Lichtbilderapparats herantritt, wird in erster Linie die Frage stellen: was kostet die Einrichtung, und wie hoch beläuft sich der Betrieb. Im Anschaffungspreis gibt es naturgemäß einen weiten Spielraum. Ist man klar darüber, welche Lichtquelle zur Verwendung gelangen soll, so hat man wiederum die Wahl zwischen allerlei verschiedenen Apparatmodellen; und hat man sich für eine bestimmte Ausführung entschieden, so kommt noch die Frage: soll das normale Objektiv oder ein besonders scharf zeichnendes Instrument genommen werden?

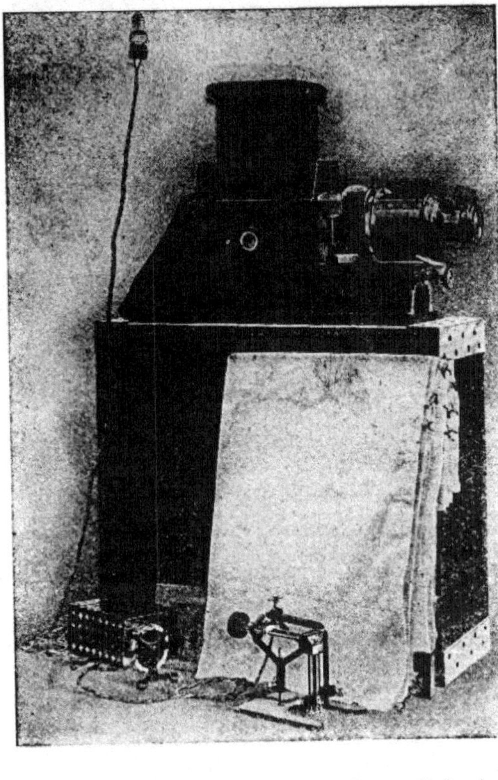

Fig. 24. Lichtbilderapparat mit kleiner Bogenlichteinrichtung.

Hier mag der Nachweis genügen, was eine wirklich brauchbare Lichtbildereinrichtung mindestens kostet; wer dann noch mehr Mittel zur Verfügung hat, wird nicht in Verlegenheit kommen, sie unterzubringen. Zunächst sei, da heute elektrischer Strom an sehr vielen Orten vorhanden ist, in Fig. 24 ein Apparat vorgeführt, der mit einer kleinen Bogenlichteinrichtung ausgerüstet ist. Die ganze Zusammenstellung, zu der ein 3 × 3 m großes weißes Tuch gehört, kostet mit dem Transportkasten rund 180 *M*, mit einer einfacher ausgeführten Projektionslaterne rund 150 *M*. Kommt eine starke Bogenlichteinrichtung in Frage, so wird man besser eine größere Laterne nehmen, wie sie Fig. 25 zeigt; die ganze Ausrüstung kostet dann je nach der Höhe der Spannung und Stromstärke etwa 300 *M* bis 500 *M*. Eine Zusammenstellung mit Kalklicht stellt Fig. 25 dar; diese kostet mit Schirm und Transportkoffer rund 270 *M*, wozu noch etwa 60 *M* kommen, wenn die Einrichtung unabhängig von Leuchtgas sein soll. Will man mit Azetylen arbeiten, so findet man eine praktische Ausrüstung in der Art, wie sie Fig. 26 zeigt, schon zu rund 150 *M*.

Fig. 25. Lichtbilderapparat mit Kalklicht.

Über die Betriebskosten, welche durch die Lichteinrichtung hervorgerufen werden, mag nachstehende Tabelle einen ungefähren Anhalt bieten. Die Beträge verstehen sich für den Verbrauch in einer Stunde.

Elektrisches Bogenlicht (ein Strompreis von 40 Pf. pro Kilowatt angenommen)

| für Ampères | 5 | 10 | 15 | 20 | 30 |
|---|---|---|---|---|---|
| | | | | | |

| bei 110 Volt | 22 | 44 | 66 | 88 | 132 Pf. |
|---|---|---|---|---|---|
| bei 220 Volt | 44 | 88 | 132 | 176 | 264 Pf. |

Dazu kommt noch ein kleiner Betrag für Kohlenstifte.

Starke Nernstlampe: bei 110 Volt 17 1/2 Pf.; bei 220 Volt 35 Pf.

Mittlere Nernstlampe: bei 110 und 220 Volt etwa 13 Pf.

Kleine Nernstlampe: bei 110 und 220 Volt etwa 4 1/2 Pf.

Leuchtgaskalklicht: (bei 100 l Sauerstoffverbrauch): 72 Pf.

Ätherkalklicht: (bei 100 l Sauerstoffverbrauch): 110 Pf.

Azetylenlicht: etwa 50 Pf.

Spiritusglühlicht: 2 bis 5 Pf.

Gasglühlicht: (bei 13 Pf. Gaspreis): 1 1/2 Pf.

Dazu kommt ein kleiner Betrag für Glühstrumpfersatz.

Petroleumlicht: 3 bis 4 Pf. (außer Dochtersatz).

In nicht wenigen Fällen wird die Frage auftauchen: Macht sich der Lichtbilderapparat bezahlt — ist es möglich, mit dem Apparat selbst so viel zu erwerben, daß die Beschaffungskosten damit bestritten werden können? — Einnahmequellen kann sich ein Verein verschaffen, indem er zu den Lichtbildervorträgen Eintrittsgeld erhebt, sei es nur von Nichtmitgliedern oder eventuell zu niedrigerm Satze auch von Mitgliedern; zweitens dadurch, daß er den Apparat an andere Vereine gegen eine entsprechende Gebühr verleiht. Auf diese Weise können ganz nette Beträge erzielt werden, so daß die Kosten der Einrichtung über kurz oder lang herauskommen, wenn nicht gar ein hübscher Überschuß bleibt. In vielen Fällen sind auf diese Weise schöne Erfolge erzielt worden.

Fig. 26. Lichtbilderapparat mit Azetylenlicht.

## Die Glasbilder und deren Aufbewahrung

Die Glasbilder, welche man im Handel käuflich oder leihweise erhält, sind jetzt fast ausschließlich auf photographischem Wege hergestellt; in vielen Fällen sind die Bilder außerdem mit der Hand koloriert. Zum Schutze der photographischen Schicht werden die Glasbilder mit einem Deckglase versehen, und zwischen beiden Platten ist in der Regel eine Papiermaske eingeklebt. Das Außenformat ist $8^1/_4 \times 8^1/_4$ oder häufiger $8^1/_2 \times 10$ cm.

Wer Amateurphotograph ist, dem wird es keine Schwierigkeiten machen, mit Hilfe von Diapositivplatten selbst Glasbilder für den Lichtbilderapparat herzustellen. Diese selbstgefertigten Bilder, welche die auf den Reisen gesehenen Stätten wiedergeben, bereiten meist besondere Freude und Befriedigung, besonders wenn man es in der Kunst des Photographierens weit gebracht hat. Auch das Kolorieren läßt sich bei einiger Übung und einigem Geschick mit Erfolg ausüben; die erforderlichen Farben sind nebst Anweisung im Handel zu beziehen.

Fig. 27. Klappkasten für die Glasbilder.

Zur Aufbewahrung der Glasbilder gibt es sogenannte Nutenkasten, die jeder Platte ein kleines Abteil bieten. Für Wanderredner sind diese des großen Raumes halber, den sie einnehmen, weniger beliebt. Da ist recht praktisch der in Fig. 27 dargestellte Klappkasten, welcher 60 bis 70 Bilder aufnimmt. Für den Transport kommen die Bilder sämtlich in den linken Kastenteil, und man klappt den Deckelteil darüber.

Zum Gebrauch aber stellt man den Kasten auf den Kopf, derart, daß der Deckelteil unten ist, löst die Haken und schlägt den Unterteil heraus. Nun befinden sich die Bilder lose in dem weitern Deckelteil, aus welchem sie bequem einzeln herausgenommen werden können. Die projizierten Bilder stellt der Vorführer in den freien Kastenteil links, und man hat dann zum Schluß der Vorstellung alle Bilder wieder geordnet darin stehen, so daß man nur zuzuklappen und zu schließen braucht.

# Aufstellung und Handhabung des Lichtbilderapparats

Zunächst ist zu erwägen, ob die Lichtbilder in der Aufsicht oder in der Durchsicht gezeigt werden sollen. Manche großen Säle haben geräumige Bühnen, und da ist das Durchwerfen häufig bequemer, um so mehr als der Apparat in diesem Falle gegen die Zuschauer verborgen ist. Man braucht aber einen Apparatabstand, der etwa zweimal so groß ist als das Lichtbild — also für ein 3 × 3 m großes Lichtbild einen etwa 6 m großen Abstand. Ist die Bühne nicht tief genug, so kann man sich unter Umständen in der Weise helfen, daß man den Schirm ein Stück vor der Bühne, in den Saal hinein, aufbaut. Entschließt man sich zum Aufwerfen der Bilder, so wird man einen Platz suchen, wo das Publikum durch den Apparat recht wenig oder besser gar nicht gestört wird. Eine Aufstellung mitten im Saal ist tunlichst zu vermeiden. Kann man nicht über den ganzen Raum hinwegprojizieren, so sehe man zu, ob sich die Laterne nicht an einer Seitenwand aufstellen läßt, wobei dann der Schirm ebenfalls entsprechend nach dieser Seite herübergeschoben wird. Strahlt der Apparat störendes Licht gegen die Zuschauer aus, so decke man dieses durch einen Vorhang oder eine spanische Wand ab. Je weniger das Publikum von der Maschinerie zu sehen bekommt, desto besser.

Beim Durchwerfen des Lichtbildes macht sich zuweilen ein störender Lichtfleck in der Mitte des Vorhanges bemerkbar. Um diesen zu vermeiden, muß man Sorge tragen, daß diejenigen Strahlen, welche vom Apparat gegen die Mitte des Schirmes gerichtet sind, in ihrer Verlängerung über die Köpfe der Zuschauer hinweggehen. Der Apparat muß dabei in der Regel etwas nach aufwärts geneigt werden.

Wenn die Vorführung am Tage stattfindet, so muß man für gehörige Verdunkelung des Raumes Sorge tragen; handelt es sich um ein ständig für Projektionszwecke einzurichtendes Lokal, so wird man die Fenster beispielsweise durch eingepaßte Rahmen, die mit dichtem Stoff bespannt sind, abdichten. In den Physikzimmern der Schulen findet man vielfach rouleauxartige Vorrichtungen, die mit einer Kurbel hoch- und niedergedreht werden können. Bei vorübergehender Benutzung des Raumes muß man sich, wenn kein besseres Mittel zur Verfügung steht, mit Blenden oder Vorhängen behelfen. Läßt sich dabei »falsches Licht« nicht vermeiden, so sorge man vor allem dafür, daß es nicht auf den Projektionsschirm und möglichst auch nicht in die Augen der Zuschauer fällt, eventuell schütze man den Schirm dagegen durch ein seitlich aufgehängtes Tuch. Bei hinreichend kräftiger Lichtquelle ist es auch möglich, in einem nur zum Teil verdunkelten Raume zu projizieren; man muß dabei aber den eben gegebenen Ratschlag befolgen. In allen Fällen, namentlich bei Abendvorstellungen, sollte man dafür Sorge tragen, daß die Beleuchtung des Raumes rasch ein- und ausgeschaltet werden kann.

Ehe man den Apparat in Betrieb setzt, prüfe man die Linsen des Kondensors und Objektivs, um sie, wenn nötig, herauszunehmen und mit einem weichen Lappen zu putzen. Die Kondensorlinsen dürfen nicht fest in die Fassung eingeklemmt werden; denn dadurch kann ein Platzen der Gläser herbeigeführt werden. Nachdem sämtliche für die Projektion erforderlichen Teile zur Hand sind, bringt man die Lichtquelle in Gang, schiebt die Lampe in den Apparat und wartet zunächst einige Minuten, bis die Laterne angewärmt ist, wobei man die Lampe, wenn es geht, schwächer brennen läßt; vor allem schiebe man sie nicht sofort dicht gegen die kalte Kondensorlinse vor.

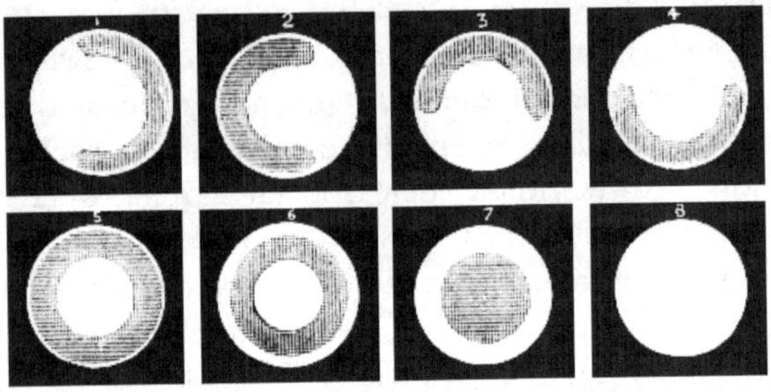


Fig. 28. Merkmale für die Zentrierung der Lichtquelle.

Die Zentrierung der Lampe geschieht auf folgende Weise. Sie muß derart im Apparat stehen, daß auf der Wand ein schönes, gleichmäßig weißes Bildfeld erscheint, wenn kein Bild eingesetzt ist. Bei falscher Einstellung zeigen sich blaue Flecken oder ein gelbroter Rand, fehlerhafte Erscheinungen, über welche Figur 28 Aufschluß geben mag. Bei 1 steht die Lampe zu weit rechts, 2 zu weit links, 3 zu hoch, 4 zu tief, 5 (gelbroter Rand) zu weit vom Kondensor, 6 und 7 (blauer Flecken) zu nahe am Kondensor und 8 richtig. Als allgemeine Regel kann man sich folgende merken: wenn sich rundum ein blauer Ring zeigt, steht die Lampe zu nahe am Kondensor, zeigt sich ein roter Rand, steht sie zu weit; macht sich ein sichelförmiger Schatten bemerkbar, so muß man die Lampe immer in entgegengesetzter Richtung bewegen — ist also beispielsweise der Schatten oben, so muß man das Licht etwas senken. Man gebe sich beim Einstellen nicht mit halber Arbeit zufrieden, sondern zentriere recht sorgsam; es ist Sache einiger Augenblicke und lohnt durch schöne, klare Bilder. Kann man kein gleichmäßig beleuchtetes Feld erzielen, so paßt wahrscheinlich die Brennweite des Kondensors nicht zu derjenigen des Objektivs, und man wird, um Abhilfe zu schaffen, auf die Ausführungen zurückgreifen müssen, welche im Anfange dieser Schrift gegeben wurden.

Wenn die Lampe gut zentriert ist, geht man an die scharfe Einstellung des Objektivs. Man bringt den Bildhalter in die Bühne, prüft, ob dieser auch gleichmäßig vor der Kondensorlinse sitzt, und steckt ein Glasbild ein. Zunächst bewirkt man eine grobe Einstellung durch Verschieben des Rohrstückes, Schlittens oder Balgauszugs, woran das Objektiv befestigt ist, und stellt dann scharf ein mit Hilfe des Zahntriebes der Objektivfassung. Zur Kontrolle wird das Glasbild nochmals entfernt und beobachtet, ob bei der Verstellung des Objektivs das Bildfeld auch völlig weiß geblieben ist; nötigenfalls muß man die Lichtquelle etwas nachzentrieren.

Bei dieser Gelegenheit wird man studieren, wie die Glasbilder eingesetzt werden müssen. Zunächst zeigt es sich, daß das Bild auf dem Kopf stehen muß; ferner muß die Deckglasseite (auf dieser Seite befindet sich in der Regel das Etikett mit der Aufschrift) dem Kondensor zugewandt sein. Setzt man anders herum ein, so erscheint das Lichtbild seitenverkehrt. Dies gilt für die Aufprojektion; beim Durchwerfen des Bildes muß man die Deckglasseite dem Objektiv zukehren. Man tut gut, sich vor der Vorführung hiervon durch Versuche zu überzeugen.

Damit beim Einsetzen der Platten kein Irrtum unterläuft, stelle man sämtliche Bilder in bestimmter Ordnung in den Kasten — nicht etwa das erste Bild mit dem Kopf nach oben, das zweite mit dem Kopf nach unten, eines mit dem Rücken nach hinten, das nächste mit dem Rücken nach vorne. Hat man die Bilder gleichmäßig geordnet, so sind beim Einsetzen in den Apparat stets dieselben Handgriffe zu machen. Wenn man mit einer Hilfe zu tun hat, der man nicht genug zutraut, so mag noch auf jedes Bild ein kleines Stückchen gummierten Papiers geklebt werden, das einen sichern Anhalt für das Einsetzen bietet.

Die Glasbilder müssen beiderseitig gut geputzt und dürfen beim Einsetzen nur am Rande angefaßt werden, da Fingerflecken sich im Lichtbild unangenehm bemerkbar machen. Sind die Platten kalt, was besonders dem Wanderredner im Winter leicht vorkommen wird, so wärme man sie in der Nähe des Ofens an, bis sie handwarm sind; andernfalls werden die Gläser leicht im Apparat beschlagen. Nach der Vorstellung achte man darauf, daß kein kalter Luftzug von der geöffneten Türe oder Fenster her gegen die Kondensorlinsen dringt. Durch die plötzliche Abkühlung kann nämlich das Glas unter Umständen zum Platzen gebracht werden.

# Die episkopische Projektion (Projektion undurchsichtiger Gegenstände)

Mit Hilfe einer besondern Vorrichtung, des Episkopansatzes, welcher mit dem Lichtbilderapparat in Verbindung gebracht wird, kann man undurchsichtige Gegenstände aller Art, wie Papierbilder, Ansichtspostkarten u. dgl., projizieren. Der Ansatz besteht aus einem winkelförmigen Kasten, der gemäß Fig. 29 am Apparat angebracht wird, nachdem man den Objektivträger entfernt und das Objektiv selbst wiederum an den Kasten angeschraubt hat. Die Papierbilder werden mit Hilfe von Metallrähmchen an der Rückseite des Kastens vor die umklappbare Türe eingeschoben; größere Sachen, wie Bücher usw., hält man dagegen, nachdem die Türe völlig heruntergeklappt ist. Die Wirkungsweise ist folgende. Das aus dem Kondensor austretende Licht fällt auf das Papierbild, und dieses wirft die Lichtstrahlen zurück; das Objektiv wiederum fängt von diesen nach allen Seiten zerstreuten Strahlen einen Teil auf und leitet ihn derart gegen den Schirm, daß dort ein scharfes, vergrößertes Lichtbild zustande kommt. Aber die Helligkeit des Lichtbildes ist verhältnismäßig gering. Während nämlich bei der Projektion von Glasbildern der ganze Strahlenkegel ins Objektiv geleitet und voll ausgenutzt werden kann, geht hier durch die bei der Reflexion erfolgende Zerstreuung der größte Teil der Strahlen, und zwar über 90 Prozent, verloren, so daß nicht einmal ein Zehntel des Lichtes auf den Schirm gelangt. Damit man einen möglichst günstigen Effekt erhält, muß man eine sehr intensive Lichtquelle benutzen, das Objektiv muß einen recht großen Linsendurchmesser haben, und der Schirm endlich muß eine hohe Reflexionskraft besitzen. Deshalb ist bei dieser Projektionsart die Verwendung einer silberglänzenden Wand besonders angebracht. Die Lampe stellt man derart ein, daß das Papierbild gleichmäßig und kräftig beleuchtet wird; unter Umständen erhält man einen bessern Effekt, wenn man die vorderste der beiden Kondensierungslinsen entfernt; besitzt der Apparat einen dreifachen Kondensor, so ist auf jeden Fall die vorderste (dem Bild zugekehrte) Linse fortzunehmen.

Fig. 29. Projektionslaterne mit Episkopansatz.

Für größere Demonstrationen werden besondere episkopische Apparate mit sehr lichtstarken Objektiven gebaut, bei welchen die zu projizierenden Papierbilder usw. auf eine wagerechte Fläche gelegt und mit Hilfe eines Spiegels beleuchtet werden. Unter Verwendung von Gleichstrombogenlicht hoher Stromstärke — 30 bis 40 Ampères — kann man auch in nicht allzu großen Sälen völlig zufriedenstellende Resultate erzielen. Bei der Wahl der Bilder muß man kritisch sein und berücksichtigen, daß beispielsweise flaue Photographien unter keinen Umständen kräftige Lichtbilder abgeben können.

## Wissenschaftliche und mikroskopische Projektion

Eine wichtige Rolle spielt der Lichtbilderapparat im physikalischen Unterricht, namentlich, wenn es gilt, optische Versuchsanordnungen zu zeigen. Es wird da ein Apparat gebraucht, der recht viel Spielraum zum Aufbauen der Instrumente bietet. Recht praktisch ist ein Modell mit optischer Bank, wie es in Fig. 12 angedeutet wurde. Die Zahl der Experimente, welche sich mit dem Projektionsapparat ausführen lassen, ist eine außerordentlich große, und wer sich auf diesem Gebiete betätigt, findet hier ein sehr dankbares Feld. Manche Versuche, z. B. die Darstellung der magnetischen Kurven und die Kristallisation von Flüssigkeiten, erfordern eine horizontale Anordnung der Objekte im Apparat; in solchen Fällen braucht man eine Vorrichtung zur Vertikalprojektion, welche vor die Laterne gesetzt wird, nachdem die vorderste Kondensierungslinse entfernt ist.

Fig. 30. Lichtbilderapparat mit Projektionsmikroskop, ein Bienenbein vergrößernd.

Zur Verwendung mit dem Mikroskop eignet sich ebenfalls besonders gut ein Apparat mit optischer Bank, auf welchem man das Instrument aufbauen kann. Die in den höhern Lehranstalten meist vorhandenen umlegbaren Tischmikroskope lassen sich in der Regel für Projektion verwendbar machen. Aber auch der gewöhnliche Lichtbilderapparat kann mit einer mikroskopischen Einrichtung ausgerüstet werden, die bei Vorträgen durch die Vergrößerung der kleinen Gebilde aus Tier- und Pflanzenwelt eine Fülle von Belehrung und Anregung zu bieten vermag. Das Projektionsmikroskop wird beispielsweise in der durch Fig. 30 angedeuteten Art mit der Laterne verbunden, indem es nach Entfernung des Objektivs einfach mit Hilfe eines kleinen Dreifußstativs vor den Apparat gestellt wird. Das wiedergegebene Instrument ist mit drei Mikroskopobjektiven von verschieden starker Vergrößerung versehen, welche an einem Revolver sitzen und rasch ausgewechselt werden können; die Scharfeinstellung erfolgt durch einen Spindeltrieb.

Die mikroskopische Projektion verlangt ein kräftiges und konzentriertes Licht; immerhin kann man bei Verzicht auf stärkere Vergrößerungen und bei Beschränkung auf ein kleineres Lichtbild auch mit Azetylen und selbst mit dem Hängeglühlicht recht hübsche Resultate erzielen. Präparate kann der Naturfreund in beliebiger Menge selbst herstellen; auch wer sich nicht damit befaßt, »Schnitte« zu machen, findet zahlreiche geeignete Objekte, wie Spinngewebe, Teile von Insekten u. dgl., die ohne weiteres mit dem Mikroskop projiziert werden können.

---

## Der Lichtbilderapparat als Scheinwerfer

In vielen Fällen kann der Projektionsapparat als Scheinwerfer vorzügliche Dienste leisten, namentlich bei Theateraufführungen und bei der Darstellung lebender Bilder. Ob dabei der Apparat am besten mit oder ohne Objektiv zu verwenden ist, stellt man durch einen Versuch fest. Zur Beleuchtung einzelner Personen sowie auch kleinerer Stellen, z. B. eines Kopfes, nimmt man die vordere Kondensierungslinse (d. h. die dem Objektiv zugewandte Linse) heraus und entfernt auch das Objektiv. In einigem Abstand vor dem Apparat bringt man ein Stück Karton oder Blech mit entsprechendem Ausschnitt an, wodurch das Strahlenbündel begrenzt wird. Durch Vor- und Zurückschieben der Lampe kann man den Lichtkegel breiter bzw. schmaler machen; nach Bedarf färbt man ihn mit vorgehaltenen bunten Gelatinefolien, die zwischen Glasplatten eingeklebt werden.

Auch zur Darstellung von Schattenbildern ist der Lichtbilderapparat vorzüglich geeignet. Man benutzt dazu einen transparenten Schirm und setzt die Laterne, komplett mit Objektiv versehen, oder aber die Lampe allein in einem Abstand von 4 bis 6 m hinter dem Schirm auf den Boden. Die Bewegungen der Spielenden müssen vorher gut einstudiert werden. Man kann mit diesen pantomimischen Schattenbildern und den spaßhaften Szenen, die sich ohne alle Schwierigkeit vorführen lassen, eine recht hübsche Unterhaltung bereiten.

# Der Lichtbilderapparat als photographischer Vergrößerungsapparat

Der Amateurphotograph kann den Lichtbilderapparat erfolgreich zur Herstellung photographischer Vergrößerungen verwenden, auch wenn er eine einfache Projektionslaterne besitzt, die für diesen Zweck nicht besonders hergerichtet ist. Es sind dabei ein paar Punkte zu bemerken. Zunächst muß man alles aus dem Apparat austretende »falsche Licht« abdecken, da dieses die Vergrößerung verschleiern würde. Man benutzt dazu z. B. einen Vorhang; manchmal genügt ein großer Karton, der vor der Laterne aufgestellt wird und eine runde Öffnung für das Objektiv hat. Auch eine Kiste mit einem Ausschnitt für das Objektiv erscheint manchmal brauchbar. Ein anderes Verfahren besteht darin, daß man oben vom Objektivträger bis zu den obersten Ecken des Brettes, worauf das photographische Papier gespannt wird, Schnüre zieht und über diese ein Tuch legt; dadurch soll das falsche Licht vom Papier abgehalten werden. Andere wiederum stellen den Apparat außerhalb der Dunkelkammer auf und schneiden in die Türe ein Loch für das Objektiv.

Da die Vergrößerung bei diesen Arbeiten eine bedeutend geringere ist als beim Projizieren, so erhält das Objektiv eine andere Einstellung, und zwar kommt es in einen größern Abstand vom Kondensor. In manchen Fällen mag der Rohrauszug des Apparats nicht genügend lang sein, und man muß sich dann in irgendeiner Weise helfen. Es kann dabei weiterhin vorkommen, daß die Brennweite des Kondensors nun nicht mehr paßt, was durch gelbrote Ränder oder blaue Flecken im Bildfelde sich bemerkbar macht; in solchem Falle muß der Kondensor eine Linse längerer Brennweite erhalten, geradeso wie wenn man ein Objektiv längerer Brennweite damit verwenden will. Zur Erhöhung der Schärfe ist es vielfach erforderlich, das Objektiv abzublenden; wenn eine Blende nicht vorhanden ist, so kann man sich in der Weise helfen, daß man solche aus schwarzem Papier oder Blech ausschneidet und auf die vordere Linse des Objektivs legt; richtiger allerdings sollte die Blende mitten in die Objektivfassung kommen, wo in der Regel ein Blendrand eingesetzt ist. Die Belichtungszeit, welche abhängig ist von der Stärke der Lichtquelle, dem Maße der Vergrößerung, der Empfindlichkeit des Papiers sowie der Dichte des Negativs, stellt man durch Versuche fest, wozu es genügt, schmale Streifen des betreffenden Papiers zu benutzen. Bei elektrischem Bogenlicht ordnet man vielfach zwischen den beiden Kondensierungslinsen oder, wenn dies nicht geht, zwischen Lampe und Kondensor eine Mattglasscheibe an; dadurch wird einmal das in der Regel zu helle Licht gedämpft und fernerhin eine gleichmäßigere Beleuchtung erzielt, welche auch die Anwendung kleinerer Blenden gestattet, ohne daß dabei störende Flecken im Bildfelde auftreten.

# Die Darstellung lebender Lichtbilder (kinematographische Projektion)

## Wirkungsweise des Kinematographen

Fig. 31. Stück eines Filmbandes.

Die Projektion kinematographischer Lichtbilder bietet, soweit man den eigentlichen Projektionsvorgang ins Auge faßt, prinzipiell nichts Neues. Nur gelangen dort an Stelle der Glasbilder kleine Filmbilder zur Verwendung, die in ihrer Gesamtheit ein langes Bildband darstellen. Ein Stück eines solchen Filmbandes, welches aus transparentem Zelluloid besteht und eine photographische Bildschicht besitzt, ist in Fig. 31 wiedergegeben, und zwar in Originalgröße. Das Band selbst hat eine Breite von 35 mm, während jedes Bildchen darauf ungefähr 19 mm hoch und 25 mm breit ist. Ein Bild sieht fast genau so aus wie das nächste; erst wenn man mehrere Bilder überfliegt, merkt man einen Unterschied in der Abbildung. Und das ist kein Wunder; werden die Aufnahmen doch mit einem Apparat gemacht, welcher in der Sekunde durchschnittlich 16 Bilder herstellt. Eine so rasche Folge der Bilder ist nämlich erforderlich, wenn eine ununterbrochene, schöne Wiedergabe der Bewegung erzielt werden soll. In der Minute haben wir mithin rund 1000 Bilder, und das macht, da jedes Bildchen etwa 2 cm hoch ist, ein Band von ungefähr 20 m Länge. Für eine Szene, die 5 Minuten dauert, braucht man also 100 m Film. Das mag auf den ersten Blick viel erscheinen, aber selbst Aufnahmen von vielen 100 m Länge sind heute nichts Besonderes mehr.

Das Filmband ist, wie die Figur zeigt, an beiden Rändern in regelmäßiger Folge mit Löchern versehen, und zwar derart, daß auf jedes Bild beiderseits vier Löcher kommen. Diese Perforation, welche von Edison eingeführt wurde, muß man anwenden, damit der Mechanismus den Film genau weiterbewegen kann.

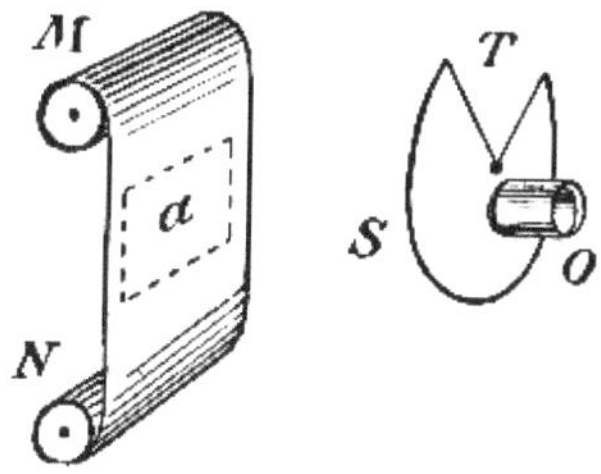


Fig. 32. Schema einer Filmkamera.

Zunächst wollen wir einmal zusehen, wie die photographische Aufnahme eines solchen Filmbandes bewirkt wird, und darüber können wir uns am besten klar werden, indem wir eine einfache Filmkamera, z. B. einen Kodak, zur Hand nehmen. Die Anordnung ist in Fig. 32 schematisch dargestellt. Auf der Rolle M sitzt ein lichtempfindliches Filmband; es ist zur Rolle N geführt, worauf es sich, wenn man die Rolle dreht, aufwickelt. O ist das Objektiv und S die Verschlußscheibe. Um eine Aufnahme zu machen, gibt man der Verschlußscheibe eine Umdrehung. Es bewegt sich dann die Öffnung T am Objektiv vorbei, läßt Licht zu und verursacht damit eine Belichtung. Nun soll ein zweites Bild gemacht werden. Dazu muß zunächst der Film durch Drehen der Rolle N um ein Stück, so groß wie das Bildchen a, weitergezogen werden. Wenn das geschehen ist, wird der Verschlußscheibe wieder eine Umdrehung gegeben. Ein drittes, viertes, fünftes Bild usw. erfordert immer wieder dieselben Handgriffe: stets wird zuerst der Film weitergezogen und dann die Verschlußscheibe gedreht.

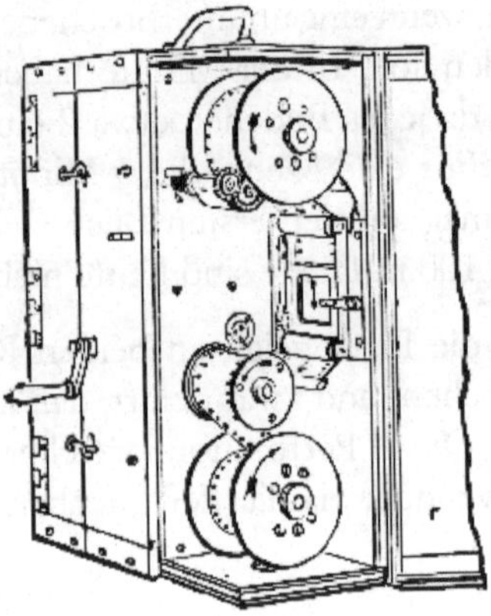

Fig. 33. Kinematographische Aufnahmekamera.

Denken wir uns nun in die Kamera einen Mechanismus eingebaut, der diese Handgriffe selbsttätig ausführt, so haben wir den kinematographischen Aufnahmeapparat, wie er in Fig. 33 dargestellt ist. Man braucht nur eine Kurbel zu drehen, dann schießt der Apparat wie ein Schnellfeuergeschütz los und macht auf das Filmband in rascher Folge eine große Anzahl von Aufnahmen — wie wir hörten, durchschnittlich 16 in der Sekunde.

Von dem erhaltenen Negativfilm wird durch Kopieren der Positivfilm hergestellt, wovon Fig. 31 ein Stück zeigte. Diesen Positivfilm bringen wir nun in den Lichtbilderapparat, um ihn als lebendes Bild auf die Wand zu werfen. Die allgemeine Projektionsanordnung ist in Fig. 34 dargestellt. Links haben wir die Laterne mit der Lichtquelle, am besten einer Bogenlampe; in der Vorderwand bei K die beiden Kondensierungslinsen, welche die Lichtstrahlen aufnehmen und in einem Kegel vorne in das Objektiv O leiten. Das Objektiv dirigiert die Strahlen derart weiter, daß von dem an der Belichtungsstelle befindlichen Bildchen a auf der Projektionswand ein scharfes Lichtbild entsteht.

Die Vergrößerung dabei ist eine beträchtliche. Wenn der Projektionsschirm beispielsweise $2^1/_2$ m breit ist, so erhalten wir von dem $2^1/_2$ cm breiten Filmbildchen der Linie nach eine 100fache, der Fläche nach eine 10000fache Vergrößerung; bei 5 m breitem Schirm ist die Flächenvergrößerung gar eine 40000fache. Es ist leicht verständlich, daß wir hier ein Objektiv kürzerer Brennweite brauchen als zur Projektion von Glasbildern. Da die Filmbilder linear etwa ein Drittel so groß sind als die handelsüblichen Diapositive, so muß die Brennweite des Kinematographenobjektivs unter sonst gleichen Verhältnissen (gleicher Abstand und Schirmgröße) etwa ein Drittel so lang sein als das Objektiv des Lichtbilderapparats.

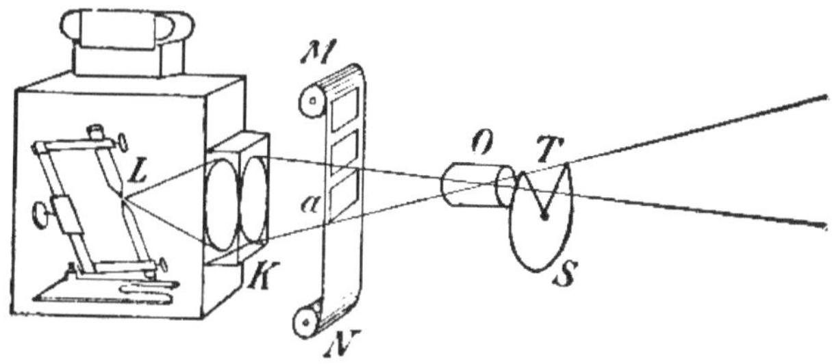


Fig. 34. Das Filmband im Lichtbilderapparat.

Um nun auf dem Projektionsschirm die richtige Wirkung zu erhalten, müssen wir das Filmband in der gleichen Weise ruckweise weiterbewegen, wie dies vorher bei der Aufnahme in unserm Kodak geschah, den wir uns mechanisch betrieben dachten: der Film bleibt jedesmal einen Augenblick an der Belichtungsstelle ruhig stehen, dann springt er um ein Bild weiter, steht wieder ruhig, springt weiter und so fort. Die Verschlußscheibe S mit der Öffnung T brauchen wir auch hier; sie soll nämlich das Objektiv immer in dem Moment verschließen, wo sich der Film weiterbewegt, damit wir das Rutschen der Bilder nicht wahrnehmen.

Wir müssen uns also auch in den Lichtbilderapparat einen Mechanismus einbauen, der das Filmband ruckweise weiterbewegt und bei jedem Bildwechsel das Objektiv verschließt. Nehmen wir an, ein solcher Kinematographmechanismus wäre beschafft. Wenn wir dann die Kurbel des Werkes zunächst ganz langsam drehen, so werden wir folgenden Vorgang wahrnehmen. Der Film steht einen Augenblick still, trotzdem wir gleichmäßig drehen; nun wandert er um ein Stückchen weiter; jetzt steht er wieder still, und so geht's immer ruck, ruck, ruck vorwärts. Dabei bringt jede Bewegung des Filmbandes ein neues Bild an die Belichtungsstelle, das dort eine gewisse Zeit stehen bleibt. Blicken wir nun, während wir langsam weiterdrehen, auf den Projektionsschirm, so sehen wir daselbst den gleichmäßigen Wechsel: Bild — dunkel — nächstes Bild — dunkel — nächstes Bild — dunkel usw. Wir beobachten, wie jedes Lichtbild einen Augenblick stehen bleibt, um dann dem nächsten Platz zu machen. Von der Weiterbewegung des Filmbandes können wir aber nichts merken; denn während dieser Zeit blendet immer die Verschlußscheibe die Lichtstrahlen ab; daher das »Dunkel«.

Jetzt wollen wir das Werk rascher drehen und dann noch rascher. Da kommt ein Moment, wo unser Auge die dunkeln Zwischenpausen nicht mehr unterscheidet; die einzelnen Bilder verschmelzen ineinander; das Lichtbild gewinnt Leben, die Figuren bewegen sich.

## Das Flimmern und die Mittel zur Abhilfe

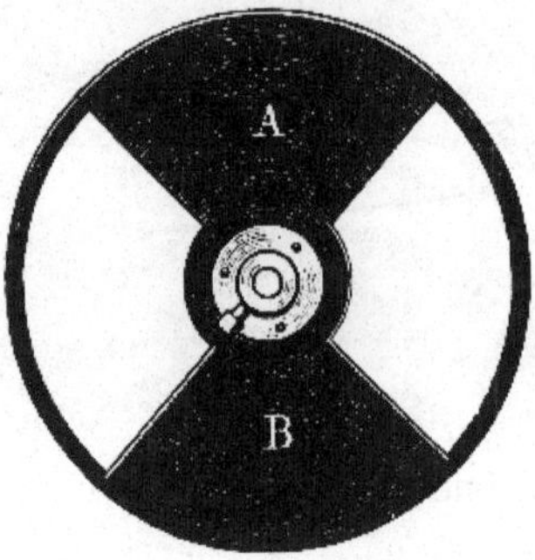


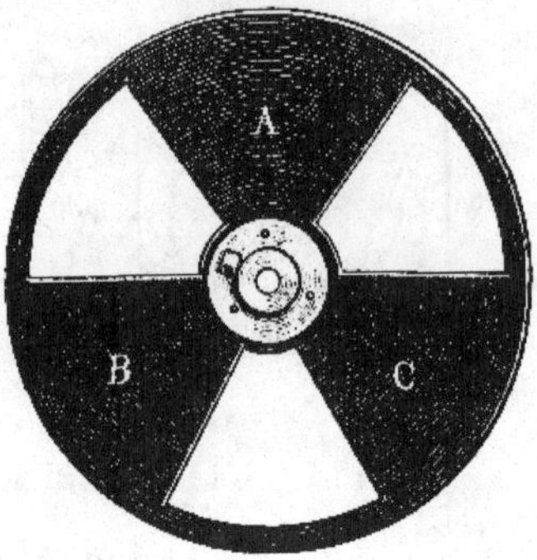


Fig. 35. Zweiflügelige Blendscheibe.

Fig. 36. Dreiflügelige Blendscheibe.

Aber der ewige Wechsel zwischen hell und dunkel, der doch tatsächlich auch jetzt noch besteht, bleibt dem Auge nicht völlig verborgen, er macht sich durch ein mehr oder minder starkes Flimmern bemerkbar. Da fragt es sich: durch welche Maßnahmen kann man das Flimmern abschwächen. Wie ein Versuch zeigt, und wie wissenschaftliche Untersuchungen bestätigt haben, wird diese störende Erscheinung um so geringer, je schneller man den Mechanismus dreht; es wird dann eben eine raschere Folge hell-dunkel herbeigeführt. Aber dieses Mittel kann uns praktisch nichts helfen; denn die Darstellung wird dann unwahr, die Bewegungen werden überstürzt — es sei denn, daß man die kinematographische Aufnahme mit entsprechend größerer Geschwindigkeit macht, daß man also anstatt 16 Bilder in der Sekunde beispielsweise deren 32 herstellt. Das würde aber eine Verdoppelung der Länge und des Preises des Filmbandes bedeuten, die man auf jeden Fall vermeiden will. Es muß also ein anderes Mittel gesucht werden, und zu diesem führt folgende Überlegung. Wir müssen zur Abschwächung des Flimmerns eine möglichst große Zahl von Wechseln hell-dunkel herbeiführen — setzen wir uns als Ziel einmal 32 solcher Wechsel in der Sekunde. Dabei soll aber die Zahl der Bilder, die in der Sekunde gezeigt werden, nicht über 16 hinausgehen. Die Verdunkelungen werden durch die Blendscheibe bewirkt. Lassen wir diese nun mit der normalen Geschwindigkeit (16 Umdrehungen in der Sekunde) laufen, so muß sie, um 32 Wechsel hell-dunkel zu bewirken, zwei Flügel haben, also eine Form besitzen, wie sie Fig. 35 zeigt. Innerhalb der Zeit, wo diese Blende eine Umdrehung ausführt, wird ein Filmbildchen projiziert und dieses Bild gegen das nächste ausgewechselt. Der Bildwechsel (das Weiterrutschen des Filmbandes), muß aber in der Zeit geschehen, während welcher sich einer der beiden Flügel, z. B. A, vor dem Objektiv beendet; für die Filmbewegung bleibt mithin eine verhältnismäßig kurze Zeit übrig, die nur ein Viertel der Umdrehungszeit ausmacht, welch letztere wiederum $^1/_{16}$ Sekunde beträgt, so daß wir für die Filmbewegung von Bild zu Bild $^1/_{64}$ Sekunde zur Verfügung haben. Während der übrigen $^3/_4$ der sechzehntel Sekunde steht der Film still, und in dieser Zeit schlägt der zweite Flügel B — scheinbar nutzlos — dazwischen. Aber wir kennen seine Aufgabe: er soll durch Vermehrung der Verdunkelungsperioden das Flimmern verhindern.

Nun können wir unser Ziel noch höher stecken und sagen: wir wollen das Flimmern weiter reduzieren und 48 Verdunkelungen in der Sekunde vornehmen. Dazu brauchen wir die in Figur 36 dargestellte Blende mit drei Flügeln. Der Bildwechsel muß hier in der kurzen Zeit geschehen, innerhalb welcher der Flügel A in Tätigkeit tritt, und da dieser $^1/_6$ der Kreisscheibe ausmacht, so steht für die Filmbewegung nur $^1/_6$ von $^1/_{16}$ Sekunde = $^1/_{96}$ Sekunde zur Verfügung. Prinzipiell könnten wir noch weitergehen und eine Blende mit acht oder noch mehr Flügeln anwenden; aber da wird schließlich die Anforderung an den Transportmechanismus, der die sprungweise Bewegung vollführt, zu groß, und auch der Film würde durch die heftigen, ruckweisen Zerrungen zu stark mitgenommen werden. In der Praxis findet man die Theaterapparate in der Regel mit der dreiteiligen Blende (Fig. 36) ausgerüstet, während kleinere Apparate vielfach die zweiteilige Blende (Fig. 35) besitzen.

### Die Konstruktion des Transportmechanismus

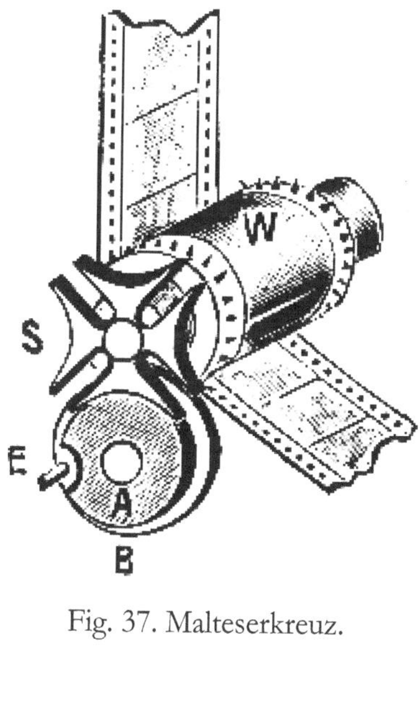


Fig. 37. Malteserkreuz.

Fig. 38. Malteserkreuzeinrichtung mit starkem Tempo.

Nachdem wir nun die Anforderungen, welche an den Transportmechanismus gestellt werden, kennen gelernt haben, wollen wir die verschiedenen Konstruktionsanordnungen betrachten. Man unterscheidet hauptsächlich vier Apparattypen, und zwar bezeichnet man diese kurz als Malteserkreuz, Schläger, Greifer und Klemmzug (oder Nockenapparat). Das Malteserkreuz wird heute bei den Projektionsvorrichtungen am meisten angewandt; in zweiter Linie der Schläger, während Greifer und Klemmzug weniger benutzt werden. Aufnahmeapparate hingegen rüstet man meistens mit dem Greifer aus, da diese Type für Kameras besonders geeignet erscheint. Die Malteserkreuzeinrichtung zunächst ist in Fig. 37 dargestellt. Der Film läuft um die Zahntrommel W, die mit ihren Zähnen in die Löcher des Bandes eingreift, und die es somit zwingt, alle Bewegungen der Trommel mitzumachen. Auf der Achse der Zahntrommel sitzt eine Sternscheibe (das Kreuz), und dieser wird durch eine rotierende Stiftscheibe A B mit dem Stift E periodisch eine Viertelumdrehung erteilt. Dabei schlägt die Zahntrommel gleichfalls um ein Viertel herum und zieht den Film immer genau um ein Bild weiter. Wie man beim Malteserkreuz ein stärkeres Tempo erzielen kann, um dadurch das Flimmern geringer zu machen, deutet Fig. 38 an. Man braucht nur die Eingriffscheibe A B recht groß zu nehmen. Solange die Sternscheibe mit dem schraffierten Teil der Scheibe A in Berührung ist, steht sie still; der Wechselvorgang wickelt sich ab in der kurzen Zeit, wo der Eingriff bei dem nicht schraffierten Teil in Tätigkeit tritt.

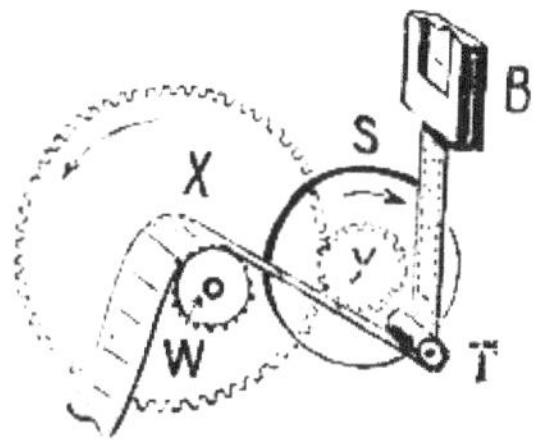


Fig. 39. Schläger.

Fig. 40. Greifer.

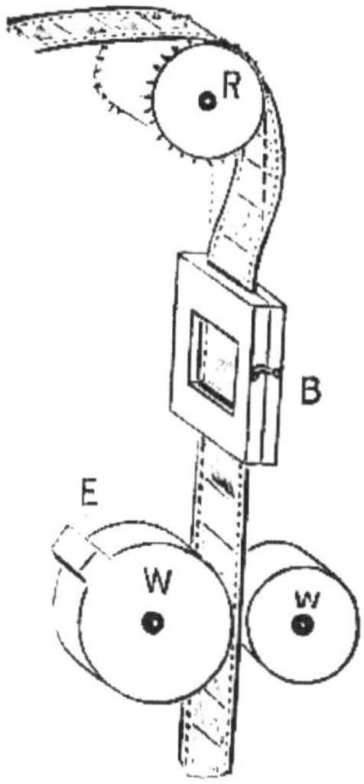


Fig. 41. Klemmzug (Nockenapparat).

Die Wirkungsweise des Schlägersystems, welches Fig. 39 schematisch andeutet, ist folgende. Der Film läuft, nachdem er aus der Belichtungsstelle B kommt, um den Stift T einer rotierenden Exzenterscheibe S und dann um eine ebenfalls rotierende Zahntrommel B. Der Stift schlägt, jedesmal, wenn er sich nach unten bewegt, auf den Film und zieht ihn dabei um ein Bild vorwärts. Während der Stift sich aufwärts bewegt und die Zahntrommel den vom Stift geschlagenen Bausch verzehrt, ist der Film an der Belichtungsstelle in Ruhe. — Der Greifer, von welchem Figur 40 die einfachste Form zeigt, besteht aus einer sich auf- und niederbewegenden Gabel; diese greift oben angekommen in die Löcher des Filmbandes ein, zieht es bei der Abwärtsbewegung mit, und zwar genau um ein Bild, läßt in der untersten Stelle den Film los und geht »leer« hoch, um das Spiel in gleichmäßigem Gange zu wiederholen. Beim Klemmzug endlich (Fig. 41) geschieht die ruckweise Fortbewegung des Filmbandes durch zwei rotierende Trommeln Ww, die so weit auseinanderstehen, daß der dazwischenlaufende Film normalerweise nicht mitgenommen wird. Die größere Trommel besitzt nun an ihrem Umfange ein aufgesetztes Segment E. Sobald dieses Segment an die Berührungsstelle kommt, wird der Film eingeklemmt und mit fortgezogen. Die Größe des Segments ist auf ein Bild berechnet. Jedoch genügt diese Anordnung nicht für einen exakten Transport — daher ist oberhalb der Belichtungsstelle B eine Zahntrommel R angebracht, die während jeder Umdrehung der Reibungstrommeln den Film um ein Bild vorschiebt und mithin nur so viel frei gibt, als unten fortgezogen werden darf.

## Die Vervollständigung des Kinematographmechanismus

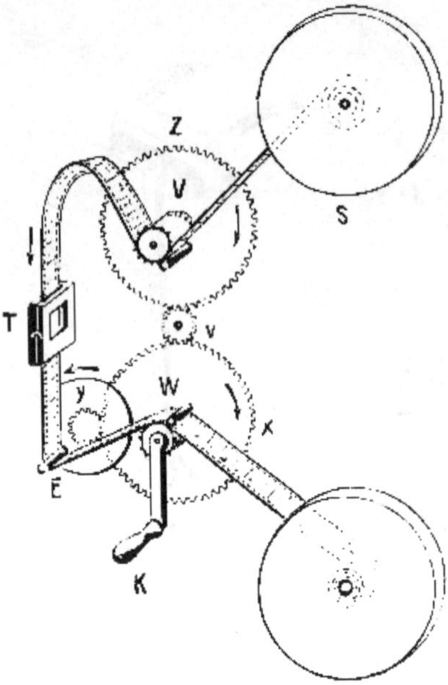


Fig. 42. Schema eines Kinematograph-Mechanismus.

Zu einem vollständigen Kinematographmechanismus gehören nun noch allerlei Teile; sie sind in Fig. 42 schematisch zusammengestellt, und zwar für einen Malteserapparat. Die Antriebsräder sowie auch die Malteserkreuzeinrichtung, das Objektiv und die Blendscheibe sind der Übersicht halber fortgelassen. Das Filmband sitzt auf der Spule A, läuft um die Zahntrommel B, gegen welche es durch einen federnden Rollenhalter gedrückt wird. Diese kontinuierlich laufende Trommel führt den Film der Belichtungsstelle D gleichmäßig zu. An der Belichtungsstelle wird das Band in einer Türe eingeklemmt, und zwar besitzt der aufklappbare Teil Federn, die sich gegen die gelochte Randpartie des Bandes pressen. Damit die Bildschicht nicht aufschleift und verkratzt wird, ist die Auflagefläche in der Breite des eigentlichen Bildes vertieft, so daß nur die Randstücke wie auf Schienen laufen. Unterhalb der Belichtungsstelle befindet sich die kleine Zahntrommel E, welche von dem nicht dargestellten Malteserkreuz den periodischen Antrieb erhält und dabei den Film jeweils um ein Bild aus der Türe herauszieht. Zwischen Türe und oberer Trommel B muß das Band einen Bausch C bilden. Unten läuft der Film, nachdem er ebenfalls einen Bausch F gebildet hat, wiederum über eine große Zahntrommel G, um durch diese der Aufwickelvorrichtung mit der Spule K gleichmäßig zugeführt zu werden. H und J sind kleine Laufrollen. An der Trommel G ist die zum Antrieb mit der Hand vorgesehene Kurbel angebracht.

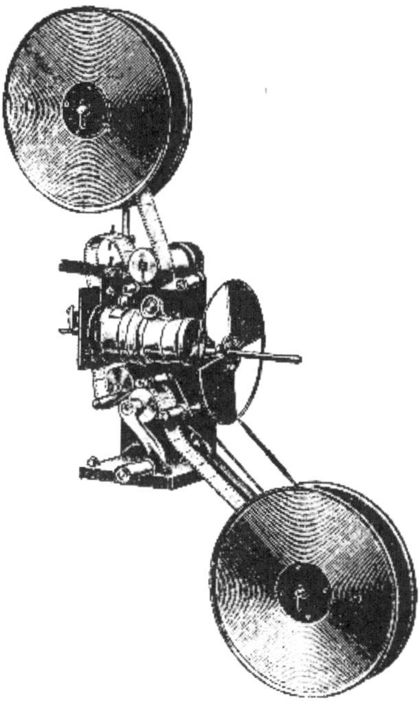

Fig. 43. Schlägerapparat.

Fig. 43 zeigt die perspektivische Ansicht eines Schlägermechanismus, bei welchem die ruckweise Weiterbewegung durch den unterhalb der Türe angeordneten Exzenterstift, den Schläger, bewirkt wird. Der Lauf des Filmbandes durch die verschiedenen Teile des Werkes von der obern Spule bis zur untern Aufwickelspule ist deutlich zu erkennen. Vorne sitzt auf einer sich ständig drehenden Achse die Blendscheibe, welche bei der dargestellten Ausführung zweiflügelig ist; sie befindet sich vor dem Objektiv. Das Objektiv läßt sich mit Hilfe eines Hebels der Höhe nach verstellen und gleichzeitig damit wird ein kleines Fensterchen verstellt, welches das in der Belichtungsstelle sitzende Filmbildchen genau einrahmt. Diese Stellvorrichtung hat folgenden Zweck. Es kommt vor, daß der Film, sei es von vornherein beim Einspannen oder während der Vorführung infolge falschen Zusammenklebens zweier Filmteile so in die Türe zu liegen kommt, daß das Bildchen zu hoch oder zu tief in der Umrahmung sitzt. In solchem Falle also stellt man die Umrahmung selbst nebst dem Objektiv nach. Bei manchen Apparaten erfolgt diese Verstellung mit Hilfe eines Zahntriebes. Andere Modelle wiederum korrigieren die falsche Bildeinstellung in der Weise, daß der ganze Bewegungsmechanismus oder ein Teil davon mitsamt dem Film gehoben bzw. gesenkt wird, während Fensterrahmen und Objektiv stehen bleiben.

Die Aufrollvorrichtung wird bei dem abgebildeten Apparat durch einen Spiralzug angetrieben. Ein starrer Antrieb ist hier nicht verwendbar, da die Aufwickelspule, je mehr Film daraufkommt, je größer also die Rolle wird, um so langsamer laufen muß. Wendet man eine Zahnrad- oder Kettenradübersetzung an, wie dies namentlich bei den Theaterapparaten mit ihren großen Filmspulen geschieht, so muß auf der Achse unten eine Friktionsscheibe eingesetzt werden, die nachgibt in dem Maße, wie die Spule sich vollwickelt. Die Stärke der Friktion läßt sich dabei durch eine Regulierschraube einstellen.

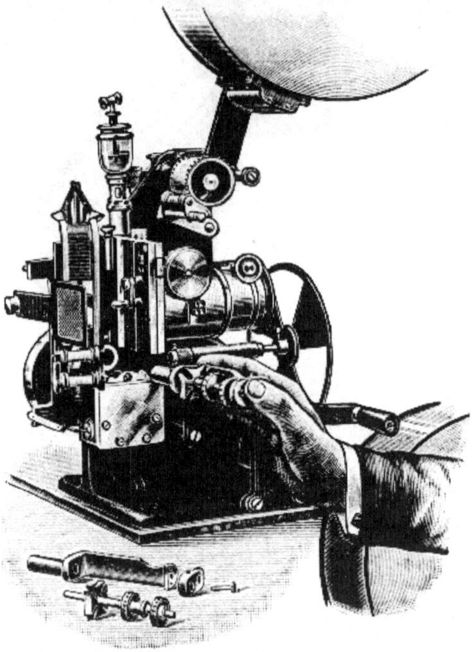

Fig. 44. Malteserkreuzapparat.

Ein für Dauerbetrieb geeigneter Malteserkreuzapparat ist in Fig. 44 wiedergegeben. Die Malteserkreuzeinrichtung, welche sich — wie die Abbildung veranschaulicht — nach Lösung des Lagerblocks entfernen und auseinandernehmen läßt, läuft in einem Ölbade, wodurch ein ruhigeres Arbeiten und eine geringere Abnutzung dieser Teile herbeigeführt werden soll. Ist doch die Beanspruchung des Kreuzes, auf welches der Eingriffstift 60000mal in der Stunde einschlägt, eine außerordentlich große.

Das Ölbad ist bei vielen Ausführungen ein geschlossenes, während bei der dargestellten Anordnung das Öl aus einem oben angebrachten Vorratsgefäß gewissermaßen als Dusche auftropft und aus der »Badewanne« überläuft, wenn ein gewisser Stand erreicht ist. Die Malteserkreuzeinrichtung läßt sich ferner verstellen, indem man den Lagerblock dreht; dadurch nähert bzw. entfernt sich das Kreuz von der Eingriffscheibe, und man kann nun die Teile so einrichten, daß sie exakt und ohne Spiel aufeinander arbeiten.

## Feuerschutzeinrichtungen

Links von der geöffneten Türe (Fig. 44) ist noch eine viereckige Platte sichtbar: die Feuerschutzscheibe. Diese sperrt, solange der Apparat stillsteht, das Licht ab, so daß keine Strahlen den Film treffen können. Das aus Zelluloid bestehende Filmband ist nämlich leicht entzündlich und kann durch die von dem intensiven Bogenlicht ausgehenden Strahlen leicht in Brand gesetzt werden, wenn diese Zeit haben, darauf zu wirken. Sobald man das Werk in Betrieb setzt und der Film läuft, geht die Platte selbsttätig hoch und gibt die Belichtungsstelle frei, um aber sofort wieder herunterzufallen, wenn der Mechanismus still gesetzt wird. Die Vorrichtung zum selbsttätigen Anheben der Feuerschutzscheibe besteht beispielsweise aus einem Regulator mit zwei schwingenden Kugeln, wie man ihn bei Dampfmaschinen hat. Die Scheibe braucht übrigens nicht alle Strahlen abzusperren: wissenschaftliche Untersuchungen haben gezeigt, daß durch eine gitterartige Scheibe ein ausreichender Wärmeschutz bewirkt wird; eine solche läßt genügendes Licht durch, um nach dem Einspannen des Bandes das Filmbild mit Ruhe scharf einstellen zu können — ja sie erlaubt, mitten aus dem Film an beliebiger Stelle einzelne Bilder als »stehende Lichtbilder« zu projizieren, was namentlich bei der Erklärung wissenschaftlicher Filme von Nutzen ist. Man braucht dazu nur die Drehung des Werkes zu unterbrechen: die Gitterscheibe fällt und schützt das projizierte Bildchen während der längern Belichtung.

Außer dieser Einrichtung sind für die bei öffentlichen Vorführungen angewandten Apparate sogenannte feuersichere Trommeln vorgeschrieben, welche die beiden Filmspulen umschließen und den Film nur durch einen schmalen Schlitz heraus- bzw. hereinlassen. Es soll dadurch die Übertragung eines Brandes auf die Filmrollen verhindert werden. Während früher die Trommeln bis auf den Schlitz vollständig geschlossen sein mußten, bringt man jetzt Luftlöcher an; man hat nämlich gefunden, daß das Zelluloid auch in der geschlossenen Büchse weiterbrennen kann, und zwar flammenlos unter Entwicklung giftiger, explosionsgefährlicher Dämpfe, und daß es viel weniger schlimm ist, wenn der Film unter Luftzutritt mit Flamme wegbrennt. Es steht zu erwarten, daß mit der Zeit der leicht entzündliche Zelluloidfilm durch ein schwer brennbares Filmmaterial, wie es im Zellit heute schon vorliegt, verdrängt wird.

## Verbindung von Lichtbilderapparat und Kinematograph

Fig. 45. Verbindung von Lichtbilderapparat und Kinematographmechanismus.

Wir kennen jetzt den Kinematographmechanismus und kommen zu der Frage: Wie wird der Mechanismus mit dem Lichtbilderapparat in Verbindung gebracht? — Besitzen wir eine gewöhnliche Projektionslaterne, so mag in der Weise verfahren werden, wie es Fig. 45 veranschaulicht. Der Mechanismus wird vorn auf ein Bodenbrett geschraubt, welches so lang ist, daß die Laterne darauf Platz findet, und letztere wird nun hinter den Kinematographmechanismus gesetzt, nachdem man das Objektiv eventuell nebst Objektivträger entfernt hat. Wenn die Verbindung von Lichtbilderapparat und Kinematograph von vornherein vorgesehen wird, so zieht man vielfach eine Anordnung vor, welche einen raschen Übergang von einer Projektionsart zur andern gestattet. Fig. 46 zeigt, wie dies in einfacher Weise geschieht. Das Laternengehäuse ist auf der breiten Bodenfläche seitlich verschiebbar angeordnet; in der abgebildeten Stellung befindet sich das Gehäuse hinter dem Kinematographmechanismus, und der Apparat ist bereit zur Projektion von Filmen. Schiebt man nun die Laterne herüber, so kommt sie hinter das Glasbilderprojektionsobjektiv zu stehen, welches neben dem Mechanismus angebracht ist, und man kann nun »stehende Lichtbilder« auf den Schirm werfen. Diese Einrichtung, welche auch bei den Theaterapparaten meist angewandt wird, ist bequem, wenn man bei einem Vortrage Glasbilder und Filme durcheinander oder rasch nacheinander zu zeigen hat.

## Das Kinematographenobjektiv

Zunächst das Objektiv. Es wurde schon gesagt, daß man mit Rücksicht auf die kleinen Filmbilder und die erforderliche starke Vergrößerung ein Objektiv kürzerer Brennweite braucht als zur Glasbilderprojektion, und daß die Brennweite etwa ein Drittel von derjenigen des normalen Projektionsobjektivs betrage. Auch für diese Kinematographenobjektive wird in der Regel der bekannte Typus des Petzvalschen Porträtobjektivs angewandt (Fig. 5); für höhere Leistungen benutzt man lichtstarke anastigmatische Objektive, welche allerdings ein gut Teil teurer sind. Es sollte aber nicht vergessen werden, daß vom Objektiv die Wirkung in hohem Grade abhängt, und man sollte bei einer kinematographischen Einrichtung, die oft in die Tausende kostet, nicht rund 100 M an diesem wichtigen Instrument sparen.

Fig. 46. Kinematograph mit verschiebbarer Laterne.

**Das Stativ**

Für den kinematographischen Apparat ist vor allem erforderlich ein kräftiges Stativ, in dessen Ermangelung man einen stabilen Tisch nehmen muß. Es ist nämlich zu bedenken, daß infolge der sehr starken Vergrößerung auch ein geringes Zittern der Unterlage sich auf dem Schirm störend bemerkbar machen muß. Die Theaterapparate werden in der Regel mit einem Eisenstativ ausgerüstet, welches eine neigbare Rahmenplatte besitzt. Fig. 47 zeigt eine solche Einrichtung; die verschiebbare Laterne ist mit Rücksicht auf die mit hoher Stromstärke brennende Bogenlampe recht geräumig gehalten.

Der Antrieb erfolgt bei Apparaten dieser Art mit Hilfe eines Elektromotors, der mit einem kleinen Regulierwiderstand verbunden ist, damit man die Geschwindigkeit nach Bedarf ändern kann. Wo es sich um die Demonstration einzelner Films handelt und nicht um fortlaufende, stundenlange Vorstellungen wie im Theater, kann der Antrieb des Werkes mit der Hand bewirkt werden.

Fig. 47. Kinematograph mit Eisenstativ.

## Die Umrollvorrichtung

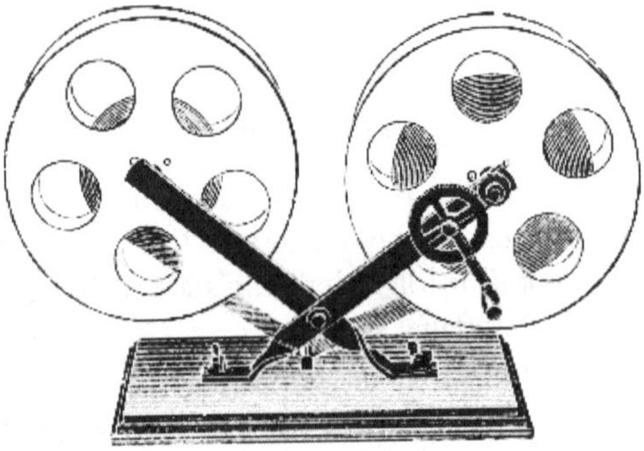

Fig. 48. Umrollvorrichtung.

Die vorgeführten Films müssen, ehe sie nochmals gebraucht werden können, umgewickelt werden; denn der Anfang sitzt ja jetzt innen. Dieses Umrollen kann nötigenfalls mit dem Kinematographmechanismus selbst geschehen, wobei man folgendermaßen verfährt. Die Spule mit dem aufgewickelten Film wird auf den obern Filmhalter gesteckt, während die leere Spule unten auf die Achse der Aufrollvorrichtung kommt. Man zieht nun das Ende des Filmbandes direkt von der obern Spule (nicht durch das Werk hindurch, sondern davor her) zur untern Spule, klemmt es darauf fest und dreht die Kurbel, wobei die Umwicklung erfolgt. Ständig arbeitende Unternehmen können eine besondere Umrollvorrichtung, wie sie Fig. 48 zeigt, nicht entbehren. Mit dem Umroller wird vielfach noch ein Zähler zum Messen der Filmlänge verbunden.

---

# Handhabung des Kinematographen

Nachdem der Apparat aufgestellt ist, setzt man die Lichtquelle in Betrieb und zentriert sie so ein, daß auf dem Projektionsschirm ein gleichmäßig beleuchtetes Bildfeld erscheint. Man klemmt ein abgeschnittenes Filmbildchen in die Türe und stellt das Objektiv möglichst scharf darauf ein. Wenn der Apparat keinen automatischen Feuerschutz besitzt, so muß man beim Einspannen des Filmbandes vorsichtig sein, damit die heißen Lichtstrahlen nicht das leicht entzündliche Zelluloidmaterial in Brand setzen. Man kann sich in der Weise helfen, daß man in die Bildbühne der Laterne den Bildhalter einschiebt und in diesen eine Gitterscheibe oder auch eine Mattglasscheibe einsetzt. Die zweite Öffnung des Doppelbildhalters bleibt frei, und diese wird vorgeschoben, sobald man den Apparat in Betrieb nimmt.

Beim Einspannen des Bandes ist folgendes zu beachten. Zunächst müssen die Bilder auf dem Kopf stehen, und die Schichtseite des Films soll dem Kondensor zugekehrt sein; nur beim Durchprojizieren (wobei der Apparat hinter dem Schirm steht) muß die Schichtseite nach dem Objektiv hin zeigen. Die Filmspulen sind vielfach zweiteilig und lassen sich auseinandernehmen, so daß man die aus der Bühne entnommene Rolle bequem darauf stecken kann. Die Spule wird oben auf den Halter gebracht und mit der dazu vorgesehenen Vorrichtung befestigt. Man zieht nun das Filmband durch das Werk hindurch und achtet vor allem darauf, daß die Zähne der Transporttrommeln allenthalben genau in die Perforation des Filmbandes eingreifen. Ferner darf man nicht vergessen, den Film zwischen der Türe und der obern Vorschubtrommel einen Bausch bilden zu lassen, da sonst der Film an dieser Stelle kein Spiel hat und durchgerissen wird; gleichfalls muß ein Bausch vor der untern Trommel gemacht werden, welche den Film der Aufwickelvorrichtung zuführt. Die Einrichtung, welche zur Nachstellung des Filmbildchens im Fensterrahmen dient, stellt man am besten auf die Mitte, so daß sie nach beiden Seiten ungefähr gleichviel Raum zum Nachregulieren hat. Die auf der Aufwickelvorrichtung sitzende Filmspule ist zum Festklemmen des Bandes mit einem federnden Blechstück versehen. Man steckt das Filmende aber nicht einfach dahinter, sondern biegt es zurück und klemmt das zurückgebogene Ende unter das Blech; andernfalls kann sich der Film leicht lösen.

Nachdem das Band so eingespannt ist, gebe man der Kurbel ein paar langsame Umdrehungen und beobachte dabei, ob der Film glatt durch das Werk läuft, und ob er sich ordnungsgemäß aufwickelt. Ist alles in Ordnung, so kann die Vorführung beginnen. Man gibt also der Kurbel jetzt eine größere Geschwindigkeit, wobei der automatische Feuerschutz hochgeht, in dessen Ermangelung der Bildhalter herüber geschoben werden muß, damit die freie Öffnung vor den Kondensor kommt. Der Vorführer halte das Lichtbild im Auge und drehe so rasch, bzw. lasse den Motor mit solcher Geschwindigkeit laufen, daß die Bewegungen in der Szene natürlich erscheinen; in der Regel geben zwei Umdrehungen in der Sekunde die richtige Geschwindigkeit. Zeigt es sich, daß die Filmbilder nicht genau im Fensterrahmen sitzen, so korrigiere man mit der betreffenden Vorrichtung. Nötigenfalls muß man auch die Einstellung des Objektivs nachregulieren.

Bei Schlägerapparaten empfiehlt es sich, wenn man keinen Motor zum Antrieb benutzt, die Kurbel möglichst gleichmäßig »aus dem Handgelenk« zu drehen; bei stoßweisem Drehen überträgt sich nämlich der jeweilige Ruck auf das Filmband, und das Lichtbild wogt im gleichen Tempo auf und ab. Man kontrolliert das Drehen leicht an der Klappe des automatischen Feuerschutzes: diese wird bei gleichmäßigem Drehen ruhig in derselben Stellung erhalten, während sie bei ungleichmäßigem Antrieb auf- und abschwankt.

## Behandlung und Pflege des Filmbandes

Da das Zelluloid bei Aufbewahrung an einem warmen und trocknen Platz seine Geschmeidigkeit verliert und auf die Dauer spröde und brüchig wird, so hebe man die Filme an einem kühlen Ort auf. Man bedient sich vorteilhaft zur Unterbringung der Rollen eines gutschließenden Zinkkastens, der in einem untern Abteil ein angefeuchtetes Stück Filz oder einen feuchten Schwamm enthält.

Für eine schonende Behandlung der Filme im Apparat ist es von größter Wichtigkeit, daß alle Teile, mit denen das Band in Berührung kommt, sauber gehalten werden. Das Zelluloid setzt (namentlich bei neuen Filmen) infolge der Reibung bei der großen Geschwindigkeit einen Staub ab, der sehr hart ist und sich zu einer Kruste verfestigt. Diese Kruste aber bildet ein ganz ausgezeichnetes Schleifmittel, das nicht nur den Film verarbeitet, sondern auch die betreffenden Apparatteile angreift. Darum ist es dringend notwendig, die Auflageflächen in der Türe und auf den Trommeln und Rollen hinreichend oft sorgfältig zu reinigen; wenn möglich geht man jedesmal, nachdem ein Film durchgelaufen ist, mit einer Bürste darüber.

Sehr viel leiden die Filme in der Praxis durch zu starkes Ölen des Apparates, indem sich das Öl über die Trommeln und die Türe verbreitet und den Film mit einem klebrigen Schmierüberzug versieht. Staub und Schmutz, der darauf liegt, bleibt haften und wird dann in der Aufrollvorrichtung wie in einer Kopierpresse fest darauf gepreßt. Besonders schädlich ist es dabei, wenn an dem Film körnige Schmutzteilchen sitzen, da diese zum Kratzen Anlaß geben. Am stärksten leiden erfahrungsgemäß Anfang und Ende des Filmbandes; bei häufig benutzten Filmen kündigt sich der Schluß meistens durch ein häßliches »Regnen« an. Dieser Übelstand läßt sich in der Weise vermeiden, daß man vorn und hinten einige Meter Blankfilm — am besten schwarzen Film — anklebt; dann bleibt der eigentliche Bildfilm geschont.

Schadhafte Stellen, wie Einrisse und schlechte Klebstellen, müssen rechtzeitig repariert werden. Als Klebstoff benutzt man ein Lösemittel für Zelluloid, und zwar bewährt sich sehr gut Amylazetat, dem man etwas Zelluloid zuzusetzen pflegt; auch lassen sich Azeton und Eisessig verwenden. Übrigens werden jetzt geeignete Klebmittel im Handel vielfach angeboten. Um einen stark eingerissenen Film zu reparieren, verfährt man folgendermaßen. Man schneidet den Film genau auf der Linie, welche das nächste Bild von dieser Stelle trennt, mit einer scharfen Schere oder mit einem Messer und Lineal durch und schneidet von dem einen Rande den beschädigten Teil in der Nähe des daranstoßenden Bildes ab, derart, daß ein Streifen von etwa 3 mm Breite übrigbleibt, der zum Ankleben an das andere Filmende dient. Von diesem Klebstreifen schabt man mit einem scharfen

Messer die Gelatineschicht sorgfältig ab, was besser vor sich geht, wenn man die Gelatine zuvor mit etwas Wasser aufweicht. Man überzeugt sich, daß man beim Aufeinanderlegen den richtigen Lochabstand erhält und bringt mittels eines feinen Pinsels eine dünne Lage des Klebstoffes darauf; desgleichen bestreicht man die betreffende Stelle auf der Rückseite des andern Filmendes mit der Klebmasse. Wenn man nun die beiden Teile mit Ruhe und Vorsicht aufeinanderlegt und recht fest zusammendrückt, so hat man in ganz kurzer Zeit eine tadellose Verbindung. Erleichtert wird die Arbeit durch eine Klemmvorrichtung (Fig. 49), in welche die Filmstücke beim Kleben eingepreßt werden. Zähne, die daran angebracht sind, wahren gleichzeitig den genauen Abstand der Löcher und verhindern ein Verrutschen der Filmenden. Es wird vielfach der Fehler gemacht, daß man die Klebstücke zu breit nimmt. An solchen ungeeigneten Klebstellen reißt der Film leicht durch; denn das Band ist hier dicker und steifer und findet somit im Apparat an dieser Stelle größern Widerstand.

Fig. 49. Filmklemme und Klebmasse.

Stellen im Filmbande, die stark verkratzt sind und sich bei der Projektion unangenehm bemerkbar machen, schneidet man am besten heraus, und zwar verfährt man dazu genau so, wie eben beschrieben wurde. Wenn der Film am Rande einen kleinen Einriß hat, so genügt es, ein entsprechend großes, blankes Filmstück dagegen zu kleben, nachdem man, wenn nötig, die Einrißstelle zuvor ausgeschnitten hat. Diese kleinen Einrisse zeigen sich meist an den Löchern; das aufzuklebende Stück muß daher mit einem Loch versehen sein, und die Löcher müssen genau zur Deckung gebracht werden. Damit die Teile gut aufeinander haften, darf man nicht versäumen, sie nach

Anstreichen des Klebstoffes kurze Zeit fest aufeinander zu pressen. Ein eventuell überstehendes Stückchen an der Klebstelle schneide man ab. Auch hier beachte man, daß beim Kleben stets Zelluloid auf Zelluloid liegen muß.

# Fehlerhafte Erscheinungen beim Arbeiten mit dem Kinematograph

## Blaue Flecken oder gelbrote Ränder im Bildfeld

entstehen, wenn die Lampe nicht richtig zentriert ist. Es sei dieserhalb auf Fig. 28 verwiesen. Gelingt es nicht, nach der dort gegebenen Anweisung ein gleichmäßig weißes Bildfeld zu erzielen, so ist die optische Anordnung nicht richtig. Der Kinematographmechanismus muß alsdann in einen nähern oder größern Abstand vom Kondensor gebracht werden, oder aber die Brennweite des Kondensors paßt nicht zu derjenigen des Objektivs, und es muß eine entsprechend andere Linsenzusammenstellung für den Kondensor genommen werden. Unter Umständen kann auch eine geeignete Hilfskondensierungslinse, die gegen die Türe des Apparats kommt, abhelfen.

Gelbrote Ecken oben oder unten im Bildfelde zeigen sich zuweilen bei Apparaten, die für das Filmband einen verstellbaren Rahmen besitzen, und zwar tritt der Fehler bei Verstellung des Rahmens dann auf, wenn dieser aus dem Beleuchtungsfeld gebracht wird. Man muß dann die Lichtquelle nachzentrieren. Um diese Erscheinung zu vermeiden, zentriere man von vornherein derart, daß das Bildfeld bei jeder Einstellung des Rahmens gleichmäßig weiß bleibt.

## Verschwommene Lichtbilder.

Die Ursache mag darin zu suchen sein, daß der Abstand des Objektivs vom Film nicht richtig ist, ein Fehler, der namentlich bei Beschaffung eines neuen Objektivs häufig gemacht wird. Man prüfe die Brennweite des Objektivs und den bezeichneten Abstand nach.

## Ziehen des Bildes.

Diese Erscheinung wird veranlaßt durch eine falsche Einstellung der Verschlußblende. Wenn diese nämlich falsch sitzt, so wird der Wechselvorgang ganz oder teilweise sichtbar gemacht. Es zeigt sich dies namentlich bei den Titeln, indem die auf schwarzem Grunde befindlichen Buchstaben nicht scharf umgrenzt, sondern nach oben oder unten um ein verschwommenes Stück ausgezogen erscheinen. Man muß in diesem Falle die Stellung der Blende kontrollieren, und zwar geschieht dies folgendermaßen. Nachdem ein Film eingespannt ist, dreht man das Werk ganz langsam, am besten am Schwungrad, und beobachtet den Augenblick, wo der Film in der Türe anfängt, sich zu bewegen. In diesem Moment muß die Blende das Objektiv gerade verschließen bzw. den darauf auftretenden Lichtkegel absperren. Alsdann dreht man weiter und beobachtet den Moment, in dem der Film wieder in Ruhe kommt, und kontrolliert, ob die

Blende jetzt beginnt, das Objektiv zu öffnen. Hat die Verschlußblende zwei oder mehrere verschieden große Flügel, so dient zum Abdecken der größte.

### Vibrieren oder Tanzen des Bildes.

Man muß da zweierlei unterscheiden: erstens ein Auf- und Abgehen des ganzen Bildes auf dem Projektionsschirm und zweitens ein Vibrieren der Bildkonturen allein, wobei die Umrandung fest stehen bleibt. Der erste Fall tritt ein, wenn es dem Apparat an einer genügend stabilen Aufstellung fehlt. Man muß dann für eine kräftigere Unterlage sorgen und eventuell noch nachprüfen, ob einzelne Teile des Apparates selbst, namentlich das Objektiv, beim Betriebe zittern. Ein Tanzen der Bildkonturen kann durch verschiedene Ursachen herbeigeführt werden, und zwar mag der Fehler einmal im Film selbst liegen, indem bei der Aufnahme die Kamera vibrierte oder aber indem die Perforation des Filmbandes durch häufige Benutzung »ausgeleiert« ist. Hat man mit einem einwandfreien Film zu tun, so gilt es den Apparat nachzuprüfen. Da wird man nachsehen, ob die Einklemmung des Bandes in der Türe eine genügende ist und fernerhin, ob der Bewegungsmechanismus »toten Gang« hat. Bei Schlägerapparaten wird, wenn man sie mit der Hand antreibt, ein Vibrieren des Bildes leicht dadurch hervorgerufen, daß man die Kurbel stoßweise dreht, indem dann der Film verschieden starken Schlägen ausgesetzt ist. Man drehe die Kurbel möglichst gleichmäßig »aus dem Handgelenk«.

### Zerreißen des Filmbandes oder Ausreißen der Perforation.

Dieser Fall wird eintreten, wenn man vergessen hat, beim Einspannen den Film oberhalb und unterhalb der Türe einen Bausch bilden zu lassen, wie es in Fig. 42 angedeutet ist. Häufig sind eingerissene Stellen am Filmband oder besonders schlechte Klebstellen daran schuld, daß das Band irgendwo im Mechanismus stockt und zerrissen wird. Auch ein zu kräftiges Anziehen der Aufrollvorrichtung kann zum Zerreißen des Filmbandes führen; bei den Apparaten, welche eine Friktionsscheibe haben, darf man daher die Regulierungsschraube nicht zu fest anziehen.

# Das kinematographische Aufnahmeverfahren

Nachdem heute zahlreiche Fabriken bestehen, die tagtäglich ungeheure Mengen von Filmbändern herausbringen, wird die Selbstherstellung kinematographischer Bilder in der Regel nur dann in Frage kommen, wenn es sich um besondere wissenschaftliche oder aktuelle Aufnahmen handelt. Wer sich damit befassen will, findet ausführliche Anweisung im »Handbuch der praktischen Kinematographie«, 3. Auflage. Hier mag ein kurzer Überblick über das Aufnahmeverfahren genügen. Eine kinematographische Kamera zunächst zeigt Fig. 50. Der lichtempfindliche Film sitzt in der oben angebrachten Kassette, läuft dann um die obere Zahntrommel und wird von dieser der Belichtungsstelle zugeführt. Vorn im Apparat, hier nicht sichtbar, befindet sich der Mechanismus, in diesem Falle ein Greifer, der den Film ruckweise vorwärts bewegt. Der unten stoßweise austretende Film läuft dann über die zweite Zahntrommel und wird dadurch der untern Kassette in gleichmäßiger Bewegung zugeführt. Zu einem vollkommenen Apparat gehört nun u. a. noch eine Einstellvorrichtung, ein Zähler, der angibt, wieviel Film belichtet ist, und ein Geschwindigkeitsanzeiger, woran der Photograph kontrollieren kann, ob er die Kurbel mit der richtigen Schnelligkeit dreht.

Fig. 50. Kinematographische Aufnahmekamera.

Das belichtete Filmband wird in der Dunkelkammer in der dem Amateurphotographen bekannten Weise entwickelt, fixiert, ausgewaschen und getrocknet. Zu dieser Behandlung spannt man das Band in Längen bis zu etwa 50 m spiralförmig auf Rahmen, welche in die Bäder getaucht werden; andere Betriebe benutzen zum Aufspannen Trommeln, welche man mit dem untern Teile in die Entwicklerbecken hängen läßt, um sie dann zu drehen. Nach dem vollkommenen Trocknen werden die Films auf etwaige Fehler geprüft und gereinigt, worauf sie in den Kopierraum gelangen. Hier kommt der Negativfilm mitsamt einem Positivfilm in die Kopiermaschine; die beiden Filme laufen Schicht auf Schicht, Schritt um Schritt an einem Fensterchen vorbei, durch welches eine Glühlampe die Exposition besorgt. Der belichtete Positivfilm wird ähnlich wie der Negativfilm in den verschiedenen Bädern behandelt, bis die darauf kopierten Bilder schön und klar herausgekommen sind. Manche der Aufnahmen erfahren noch weitere Bearbeitung, indem mit Hilfe chemischer Tonbäder die dunklen Partien gefärbt werden. Oder man zieht die Bänder durch einfache Farblösungen, um der ganzen Schicht einen gleichmäßigen Ton zu verleihen. Andere Filme sollen hinwieder naturfarbig herausgebracht werden, und da heißt es, künstlich die Farben auftragen. Während dies in der Regel mit der Hand geschieht — eine bei den zahllosen kleinen Bildchen mühsame und langwierige Arbeit — gehen die großen Fabriken jetzt dazu über, auch Koloriermaschinen anzuwenden, welche die einzelnen Farben mit Hilfe geschnittener Schablonen auftragen.

Zur Herstellung der dramatischen und humoristischen Aufnahmen, wie man sie in den Kinematographentheatern sieht, verfügen die Filmfabriken über große Glashäuser, die mit allen Requisiten versehen sind und in der Ausstattung mit den größten Theatern wetteifern können. Manche der Ateliers sind so geräumig, daß mehrere Szenen gleichzeitig gespielt und aufgenommen werden. Vielfach erfolgen die Aufnahmen beim Licht zahlreicher Bogenlampen.

## Die Herstellung der Trickfilme

Zuweilen sieht man kinematographische Bilder mit zauberhaften Vorgängen. Die Herstellung solcher Trickfilme ist in vielen Fällen ganz einfach. Wenn z. B. in einem Bilde ein Mann an den Wänden heraufkriecht und an der Decke hinläuft, so wurden bei der Aufnahme auf den Boden des Ateliers abwechselnd Dekorationen gelegt, welche die Seitenwände und die Decke eines Zimmers darstellen; der Mann kroch oder lief darüber und wurde von oben her photographiert. Ein beliebter Trick ist die Verwandlung von Personen; sie läßt sich bei kinematographischen Aufnahmen leicht ausführen. Der Photograph braucht nur an der betreffenden Stelle die Aufnahme zu unterbrechen, alsdann wird die Verwandlung vorgenommen und die Aufnahme wieder fortgesetzt. Ein Beispiel mag dies erläutern. Der Kinematograph führe folgende Szene vor, die in den Figuren 51 bis 54[1] angedeutet ist. Ein Betrunkener liegt auf der Straße. Ein Automobil saust heran und fährt ihm beide Beine ab (Fig. 51). Der Mann schreit nach und schwenkt die Beine in die Luft (Fig. 52). Das Auto hält, der Insasse läuft heran, er flickt ihm die Beine wieder an (Fig. 53), und beide ziehen zufrieden von dannen (Fig. 54). — Nun die Lösung! Auch hier wird die Aufnahme unterbrochen, und zwar zuerst in dem Moment, wo das Automobil herangekommen ist. Das Auto hält an. Der Betrunkene wird ersetzt durch einen Krüppel, dem beide Beine fehlen, und ein Paar künstlicher Beine davor gelegt. Die Auswechslung der Personen ist in Fig. 55 wiedergegeben. Dann tritt der kinematographische Apparat wieder in Tätigkeit: das Auto, dessen Weg genau vorgezeichnet ist, fährt nochmals heran und saust darüber hinweg. Nachher wird die Aufnahme abermals unterbrochen und der Krüppel wieder durch den Betrunkenen ersetzt.

Fig. 51-54. Szenen aus einem Trickfilm.

Fig. 55. Erklärung des Tricks: die Auswechslung der Personen.

Von diesem einfachen Hilfsmittel der Aufnahmeunterbrechung wird häufig Gebrauch gemacht. Der Film, geduldig wie er ist, reiht Bild an Bild auf, wie und wann es dem Photographen gefällt. Und das Publikum bekommt nachher die Bilder in sausender Folge vorgeführt; es merkt nicht, daß der Kinematograph lügt, daß da zwischen einzelnen Bildern ganze Stücke fehlen — kein Wunder, daß ihm die Vorgänge zauberhaft erscheinen. Da gibt es die unglaublichsten Sachen zu sehen. Leblose Gegenstände führen einen Tanz auf; Streichhölzer spazieren aus der Dose, die sich selbst öffnet, und bauen sich zu Figuren auf; Werkzeuge leisten Arbeit, eine Säge zerschneidet ein Brett ohne Zutun. — Wie leicht ist das alles zu machen, wenn man einmal den Kunstgriff kennt, wie einfach ist die Erklärung, wenn man einmal weiß, daß die Hilfsvorgänge, die dem Zuschauer verborgen bleiben sollen, nicht mitphotographiert werden!

**Fußnoten:**

[1] Die Fig. 51-55 sind hergestellt nach Aufnahmen der Firma Léon Gaumont, Paris, und zwar mit Genehmigung der Pariser Zeitschrift »L'Illustration«. Sie wurden entnommen aus des Verfassers Schrift »Das lebende Lichtbild«, Düsseldorf 1910.

# Die wissenschaftliche Kinematographie

Gegenüber der ausgedehnten Verwendung des Kinematographen im Theater steht seine wissenschaftliche Verwertung noch stark zurück. Aber was auf den verschiedenen Wissenschaftsgebieten mit Hilfe kinematographischer Aufnahmen bereits geleistet worden ist, erscheint so beachtenswert, daß die Gelehrten den Apparat im Laufe der Zeit ohne Zweifel immer mehr heranziehen werden. So hat der Pariser Physiologe Marey schon vor mehr als 20 Jahren die Kinematographie zum Studium der Bewegungsvorgänge bei Menschen und Tieren benutzt. Andere setzten seine Arbeit fort und dehnten sie aus auf Herzbewegungen und Kehlkopfbewegungen. Erfolgreich hat man den Kinematograph in Verbindung mit dem Mikroskop, ja sogar mit dem Ultramikroskop gebracht, das uns die feinsten Partikelchen zeigt. So wurden durch Dr. Commandon und vor ihm schon durch Dr. Reicher auf dem Film die Bewegungen der Blutkörperchen und ihr Kampf mit den ins Blut eingebrachten Bazillen festgehalten. Man sieht, wie die Krankheitserreger über die roten Blutkörperchen herstürzen, um sie zu verzehren.

Mit Hilfe kinematographischer Aufnahmen gelang es ferner, den Flügelschlag der Insekten zu erforschen. Die Fliege bewegt ihre Flügel so rasch, daß man nichts als ein Flimmern wahrnimmt; auch der beste Beobachter ist machtlos dagegen. Der Kinematograph, mit großer Geschwindigkeit laufend, so daß er bis zu 2000 Bilder in der Sekunde aufnimmt, hält alle Phasen der Bewegung fest. Und wenn dann die gewonnenen Bilder mit normaler Geschwindigkeit — 16 in der Sekunde — auf den Projektionsschirm geworfen werden, so spielt sich der Vorgang mehr als hundertmal langsamer ab: mit Ruhe kann man nun das Auf- und Abgehen der Flügel und das Arbeiten des Flugmechanismus verfolgen. Umgekehrt hat man mit Hilfe des Apparats Bewegungen, die zu langsam vor sich gehen, als daß man sie zu übersehen vermöchte, künstlich beschleunigt. Auf diese Weise kann man das Wachstum der Pflanze mit dem Auge verfolgen. So wurde z. B. eine aufblühende Victoria Regia mit überaus geringer Geschwindigkeit — etwa alle 2 Minuten ein Bild — aufgenommen. In der Projektion der Aufnahme, die mit normaler Geschwindigkeit: 16 Bilder in der Sekunde — also etwa 1800 mal rascher — erfolgt, sieht man dann den Vorgang, der in der Natur Stunden in Anspruch nimmt, innerhalb weniger Minuten sich abwickeln. Man verfolgt deutlich, wie die Knospenhüllen sinken, wie sich ein Blütenblatt vom andern hebt, bis die herrliche Blume voll entfaltet ist, und wie sie alsbald wieder vergeht.

Für die kinematographische Aufnahme fliegender Geschosse konstruierte Geheimrat Cranz einen Apparat, der über 5000 Belichtungen in der Sekunde, ja in der neuesten Form bis zu 100000 Aufnahmen in der Sekunde liefert. Er konnte damit die Vorgänge beim Abschießen einer Kugel aus einer Selbstladepistole untersuchen und ferner die Wirkung von Schüssen auf Knochen, Metallplatten, wassergefüllte Gummiblasen und Kugeln aus feuchtem Ton in einer Reihe von Bildern festlegen.

Selbst die Bewegungen der innern Organe des Menschen hat man kinematographisch festzuhalten gewußt, indem man die Belichtung mit Röntgenstrahlen anwandte und besondere Apparate herstellte, welche zwei oder drei Dutzend Platten großen Formats in rascher Folge zur Exposition brachten. Namentlich die Reihenaufnahmen des Magens haben dem Mediziner interessante Aufschlüsse über die Arbeitsweise dieses Organs gegeben.

Die Kinematographie in natürlichen Farben hat eine provisorische Lösung im Kinemakolorverfahren gefunden, welches mit zwei Farben, Rot und Grün, arbeitet und verhältnismäßig hübsche Resultate gibt, wenngleich hier infolge Fehlens der dritten Farbe (Blau) ein vollkommenes Resultat nicht erzielt werden kann. Man ist zu der Hoffnung berechtigt, daß ein wirkliches kinematographisches Dreifarbenverfahren in nicht zu ferner Zeit Eingang in die Praxis findet.

Auch die Technik bemächtigt sich der kinematographischen Bilddarstellung, die ein ausgezeichnetes Hilfsmittel bietet, Fabrikationsvorgänge zu veranschaulichen, sowohl in Lehranstalten und Hochschulen sowie bei Vorträgen als auch zum Zwecke der Reklame. Allerdings bietet die Ausführung solcher Aufnahmen vielfach große Schwierigkeiten, namentlich in bezug auf die Beleuchtung, und sie erfordert eine umfangreiche Arbeit.